普通高校物联网工程专业规划教材

物联网智能硬件编程技术实训

王洪泊 编著

清华大学出版社

北京

内 容 简 介

本书是作者多年研究型教学实践与相关课程改革的经验与总结,围绕物联网智能硬件基本原理和相关软件编程实现技术细节进行阐述,概念准确、论述严谨、内容新颖、图文并茂,力求将相关研究的最新进展进行充分反映。通过本书的学习与实践,读者能够对物联网智能硬件设计与编程技术有一个系统和全面的了解;掌握物联网的概念、组成和体系结构,掌握数据通信、物联网关键协议和互联互通等方面的基本理论和实现技术;培养分析问题和解决问题的能力,为学习其他课程以及今后从事物联网工程的研究、开发及运维工作打下扎实的基础。

本书可以作为物联网硬件编程相关课程的实验及课程设计指导用书。

图书在版编目(CIP)数据

物联网智能硬件编程技术实训/王洪泊编著.—北京:清华大学出版社,2021.1
普通高校物联网工程专业规划教材
ISBN 978-7-302-56784-4

Ⅰ.①物… Ⅱ.①王… Ⅲ.①物联网—高等学校—教材 Ⅳ.①TP393.4 ②TP18

中国版本图书馆 CIP 数据核字(2020)第 218642 号

责任编辑:龙启铭
封面设计:傅瑞学
责任校对:胡伟民
责任印制:宋 林

出版发行:清华大学出版社
   网   址:http://www.tup.com.cn,http://www.wqbook.com
   地   址:北京清华大学学研大厦 A 座   邮 编:100084
   社 总 机:010-62770175   邮 购:010-83470235
   投稿与读者服务:010-62776969,c-service@tup.tsinghua.edu.cn
   质量反馈:010-62772015,zhiliang@tup.tsinghua.edu.cn
   课件下载:http://www.tup.com.cn,010-83470236
印 装 者:北京嘉实印刷有限公司
经 销:全国新华书店
开 本:185mm×260mm   印 张:15.25   字 数:375 千字
版 次:2021 年 1 月第 1 版   印 次:2021 年 1 月第 1 次印刷
定 价:49.00 元

产品编号:070889-01

前　言

本书是作者多年研究型教学实践与课程改革的经验与总结,注重以物联网智能硬件技术各层核心协议工作原理、实现物联网传感器信息射频近距离传输为主线,以提升学习者探索兴趣为先导,从物联网智能硬件基础、物联网软件开发工具、物联网传感器信息感知与采集、物联网经典实例(射频 13.56M 一卡通门禁系统设计与实现、物联网经典实例)、物联网射频 125k RFID 电子锁设计与实现、物联网射频 2.4G 信息采集盒 MegicBox 设计与实现,自顶向下地梳理物联网的核心技术所解决的核心科学问题,循序渐进地剖析物联网软硬件模块配置及使用的技术细节。

本书通过每人独立完成的计算机网络常规实验操作和多人团队协作完成课程设计的悉心设计,启发和鼓励学生在解决问题的过程中锻炼及提高物联网软硬件开发、维护等实践动手能力。

通过本书的学习,学生能够对物联网智能硬件原理与技术有系统和全面的了解;掌握物联网的概念、组成和体系结构,掌握数据通信、物联协议和互连互通等方面的基本理论和实现技术;培养分析问题和解决问题的能力,为学习其他课程以及从事物联网的研究、开发及管理夯实基础。

为了提升学生的学习效率,书中的每个实训模块均配套有实验元器件、学习资料及相关软件工程的源文件。

本书力求概念准确、论述严谨、内容新颖、图文并茂,围绕基本原理和技术细节进行阐述,同时力求将相关研究的最新进展反映出来。

本书已获得北京科技大学“十三五”教材建设规划(JC2018YB026)资助。本书的顺利出版得益于校教务处、院系各级领导的关怀和帮助,在此表示衷心感谢。结合本书的撰写,作者深入开展研究型教学实践尝试,在扎实理论学习和动手能力两方面,对学生进行全面素质培养,积极创造机会,为精品课程建设打好基础。

本书同时是作者关于物联网智能硬件新技术科研工作的阶段总结,也得到了国家自然科学基金项目——物联网环境下的认知调度网络构建及其资源协调优化(项目编号:61572074)的资助。鉴于该学科知识及相关技术发展迅速、作者水平所限,书中难免有不妥之处,希望相关专家学者批评斧正。

本书设计的实训模块及其技能要求的章节分布如下表所示。

实训模块	技 能 要 求	实训项目	章节
实训模块 1: 物联网智能硬件基础实训	(1) 熟悉物联网常见电子元器件 (2) 物联网基础电路元器件手工焊接 (3) 程序下载器制作与程序烧录	项目 1:物联网常见电路元器件识别	第1章
		项目 2:物联网基础电路元器件手工焊接	
		项目 3:物联网单片机程序下载器与程序烧录	

续表

实训模块	技能要求	实训项目	章节
实训模块2：物联网软件开发工具Keil μVison基础实训	(1) Keil集成开发使用初步 (2) 物联网作品常用的键盘控制程序设计思路 (3) 物联网紧急响应与中断处理 (4) 物联网作品常用的液晶数据显示方式	项目1：初识物联网集成开发利器Keil μVison	第2章
		项目2：物联网作品常用的键盘控制程序设计思路与实现	
		项目3：物联网紧急响应机制——中断处理	
		项目4：物联网作品常用的液晶数据显示	
实训模块3：物联网经典实例：一卡通门禁系统设计与实现	(1) 洞板飞线焊接技术 (2) 掌握物联网硬件的基本工作原理 (3) 实践Keil μVison集成开发环境使用技巧 (4) 掌握物联网项目键盘输入需求，中断处理及响应程序开发的一般步骤	项目1：洞板飞线焊接的基础知识	第3章
		项目2：射频13.56M一卡通门禁系统硬件设计	
		项目3：射频13.56M一卡通门禁系统软件设计	
		项目4：射频13.56M一卡通门禁系统按键功能设计与实现	
实训模块4：物联网传感器信息感知与采集	(1) 掌握物联网传感器信息感知与采集系统硬件设计的基本步骤 (2) 掌握物联网温湿度传感器信息采集感知测量仪软件设计的基本步骤 (3) 掌握超声波测距测温传感器信息采集感知测量仪软硬件设计的基本步骤	项目1：物联网传感器信息感知与采集系统的基础硬件设计	第4章
		项目2：物联网温湿度传感器信息采集感知测量仪设计与实现	
		项目3：物联网超声波测距测温传感器信息采集感知测量仪设计与实现	
实训模块5：物联网经典实例：物联网射频125k RFID电子锁设计与实现	(1) 掌握物联网125k RFID电子锁软硬件设计的基本步骤 (2) 掌握物联网近距离红外遥控解码技术 (3) 掌握物联网I2C协议AT24C02存储访问技术	项目1：物联网射频125k RFID电子锁基础硬件设计	第5章
		项目2：物联网近距离红外遥控解码技术	
		项目3：物联网I2C协议AT24C02存储访问技术	
实训模块6：物联网射频2.4G信息采集盒MegicBox设计与实现	(1) 掌握物联网各类传感器实时信息采集的基本步骤 (2) 掌握物联网射频2.4G信息接收端设计技术 (3) 掌握物联网射频2.4G远程报警与紧急处理技术	项目1：物联网射频2.4G信息采集盒MegicBox发送端设计	第6章
		项目2：物联网射频2.4G信息采集盒MegicBox接收端设计	
		项目3：物联网射频2.4G远程报警与紧急处理技术	

王洪泊
2021年1月

目　录

第1章 物联网智能硬件基础实训

物联网硬件基础知识点包括：识别电路元器件(电阻、电容、电感、二极管、三极管、晶振、集成电路)、印制电路板等；理解单片机最小系统的构成及工作原理；掌握单片机程序下载器制作与程序烧录。

本章实训模块具体分为四个基础项目：电路元器件常识介绍、单片机最小系统手工焊接、单片机程序下载器制作、单片机程序烧录。

1.1 物联网常见电路元器件识别

本节学习目标：熟悉物联网常见电子元器件，包括电阻、电容、电感、二极管、三极管、晶振、集成电路(IC)、印制电路板(PCB)等。

本节项目重点：理解电路中的以下基本概念。

(1) 电流(Current)。电流基本单位用安培(A)表示；其他单位有千安(kA)、毫安(mA)、微安(μA)；单位换算：$1A = 10^{-3}kA = 10^3mA = 10^6\mu A$。

(2) 电压(Voltage)。电压基本单位用伏特(V)表示；其他单位有千伏(kV)、毫伏(mV)、微伏(μV)；单位换算：$1V = 10^{-3}kV = 10^3mV = 10^6\mu V$。

本节项目难点：熟悉常见电子元器件的参数选型；理解常见电子元器件的作用及功能。

操作思路详见各元器件主题案例。

1.1.1 电阻

电阻是在电路中会对电流起阻碍作用并且造成能量消耗的导体，其类型有固定电阻和可调电阻。固定电阻常用 R 表示，可调电阻常用 W 表示。

电阻基本单位用欧姆(Ω)表示；倍率单位有千欧(kΩ)、兆欧(MΩ)；单位换算：$1\Omega = 10^{-3}k\Omega = 10^{-6}M\Omega$，$1M\Omega = 10^3k\Omega = 10^6\Omega$，$1k\Omega = 1000\Omega$。

电阻的标注方法如下。

(1) 直标法：将数值直接印在电阻器上，让使用者能一目了然地看出其阻值。

(2) 数标法：主要用于小体积的贴片电阻，一般用三位数字表示其阻值，元件表面通常为黑色。

- 对于十个基本标注单位以上的电阻器，前两位数字表示数值的有效数字，第三位数字表示数值的倍率。如 512 表示 $51\times100\Omega$(即 5.1kΩ)；103 则表示 10kΩ。
- 对于十个基本标注单位以下的元件，第一位、第三位数字表示数值的有效数字，第二位用字母 R 表示小数点。如 3R9 表示其阻值为 3.9Ω。

（3）色标法：用不同颜色的色环表示电阻的阻值及其误差，如图 1-1 所示。

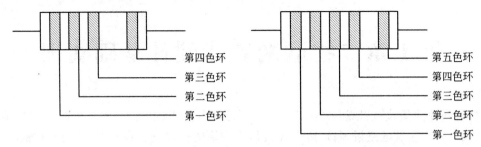

图 1-1　电阻的色标法示意图

色环电阻色码标注定义，如表 1-1 所示。

常用电阻色环对照表如图 1-2 所示，识别方法具体如下。

（1）三色环电阻识别：第一色环是十位数，第二色环是个位数，第三色环代表倍率。

（2）四色环电阻识别：第一、二色环分别代表两位有效数的阻值；第三色环代表倍率；第四色环代表误差。

（3）五色环电阻的识别：第一、二、三色环分别代表三位有效数的阻值；第四色环代表倍率；第五色环代表误差。

（4）六色环电阻识别：六色环电阻的前五色环与五色环电阻表示方法相同，第六色环表示该电阻的温度系数。

表 1-1　色环电阻色码标注定义

颜　　色	有 效 数 字	倍数（乘数）	允许误差/％
黑	0	10^0	
棕	1	10^1	±1
红	2	10^2	±2
橙	3	10^3	
黄	4	10^4	
绿	5	10^5	±0.5
蓝	6	10^6	±0.25
紫	7	10^7	±0.1
灰	8	10^8	
白	9	10^9	
金		10^{-1}	±5
银		10^{-2}	±10
无色			±20

识别顺序注意技巧的应用，具体包括如下技巧。

技巧 1：先找标志误差的色环，从而排定色环顺序。最常用的表示电阻误差的颜色是金

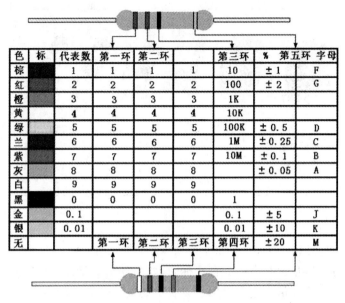

色标		代表数	第一环	第二环		第三环	%	第五环 字母
棕		1	1	1	1	10	±1	F
红		2	2	2	2	100	±2	G
橙		3	3	3	3	1K		
黄		4	4	4	4	10K		
绿		5	5	5	5	100K	±0.5	D
兰		6	6	6	6	1M	±0.25	C
紫		7	7	7	7	10M	±0.1	B
灰		8	8	8	8		±0.05	A
白		9	9	9	9			
黑		0	0	0	0	1		
金		0.1				0.1	±5	J
银		0.01				0.01	±10	K
无			第一环	第二环	第三环	第四环	±20	M

图 1-2 常用电阻色环对照表

环、银环、棕环,尤其是金环和银环,一般很少用作电阻色环的第一环,所以在电阻上只要有金环和银环,就可以基本认定这是色环电阻的最末一环。

技巧 2:棕色环是否是误差标志的判别。棕色环既常用作误差环,又常作为有效数字环,且常常在第一环和最末一环中同时出现,使人很难识别谁是第一环。在实践中,可以按照色环之间的间隔加以判别:比如对于一个五色环的电阻而言,第五环和第四环之间的间隔比第一环和第二环之间的间隔要宽一些,据此可判定色环的排列顺序。

技巧 3:在仅靠色环间隔无法判定色环顺序的情况下,还可以利用电阻的生产序列值来加以判别。比如有一个电阻的色环顺序是:棕、黑、黑、黄、棕,其值为:$100 \times 10000\Omega = 1M\Omega$,误差为 1%,属于正常的电阻系列值;若是反顺序读:棕、黄、黑、黑、棕,其值为 $140 \times 1\Omega = 140\Omega$,误差为 1%。显然按照后一种排序所读出的电阻值,在电阻的生产系列中是没有的,故后一种色环顺序是不对的。

1.1.2 电容

电容是储存电荷的容器,它由两个金属极板中间填充绝缘介质所组成,它在电路中具有隔断直流电,通过交流电的作用;分为极性电容和无极性电容。电容通常用字母 C 表示。

电容的参数包括电容量和耐压值。

电解电容:两脚中长脚为正极脚,短脚为负极脚,且对应一条色带,一般都是把其容量与耐压值直接印在电容器上,如图 1-3 所示。

钽电容:有色标的一边为正极,另一边为负极。

电容基本单位用法拉(F)表示,其他单位包括毫法(mF)、微法(μF)、纳法(nF)、皮法(pF)。单位换算为 $1F = 10^3 mF = 10^6 \mu F = 10^9 nF = 10^{12} pF$。

电容的参数标注包括如下几种。

(1) 直标法:电容常见的标记方式是直接标记,通常是用代表数量的字母 m(10^{-3})、

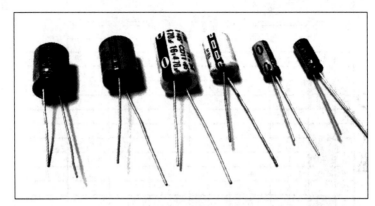

图 1-3 电解电容举例

$\mu(10^{-6})$、$n(10^{-9})$ 和 $p(10^{-12})$ 加上数字组合来表示。

容量大的电容其容量值在电容上直接标明,如 $4.7\mu F/35V$、$22\mu F/25V$。

容量小的电容其容量值在电容上用字母表示或数字表示,如 $1m=1000\mu F$;$1p2=1.2pF$;$1n=1000pF$。

(2) 数标法:一般用三位数字来表示容量的大小,单位为 pF,前两位为有效数字,后一位表示位率,即乘以 10^i,i 是第三位数字。若第三位数字为 9,则乘以 10^{-1}。例如,107 代表 $10\times10^7 pF=100\times10^6 pF=100\mu F$;479 代表 $47\times10^{-1} pF=4.7pF$。

1.1.3 电感

电感是用线圈绕制而成的,它在电路中具有通直流阻交流的作用。通常用字母 L 表示,它的外形有很多种,有的像色环电阻(色环电感两头尖,中间大),有的像线圈,贴片电感的外形与贴片电容相似。

电感单位及换算规则如下。

基本单位用亨(H)表示,其他单位有毫亨(mH)、微亨(μH)。单位换算:$1H=10^3 mH=10^6\mu H$。

电感一般有直标法和色标法。色环电感其外形与色环电阻差不多,读数方法也与色环电阻相同。

1.1.4 二极管

二极管由半导体制成,具有单向导电性,在正向电压的作用下,导通电阻很小;而在反向电压作用下导通电阻极大或无穷大;其方向性尤其重要,常用在整流、检波、稳压、极性保护中。二极管在电路中的符号为 VD 或 D,稳压二极管的符号为 ZD。

常见种类有整流二极管、检波二极管、稳压二极管、开关二极管、光电二极管(PD)、发光二极管(LED)、激光二极管(LD)。

- 方向的识别:二极管有标志一端为负极,另一端则为正极。
- 发光二极管的正负极可从引脚长短来识别,长脚为正,短脚为负。

- 型号常可从外壳印制字中看出。

1.1.5　三极管

三极管由半导体制成,在电路中主要起放大和开关的作用。有 PNP 型和 NPN 型。三极管有三个极,分别为 b(基极)、e(发射极)、c(集电极)。三极管在电路中常用 VT、Q 或 V 表示。不同种类、不同型号、不同功能的晶体管,其引脚排列位置也不同。可用万用表来进行测试辨别,如图 1-4 所示。

图 1-4　三极管举例示意图

1.1.6　晶振

晶振即石英晶体振荡器,由它来产生芯片的工作频率。晶振是芯片的"心跳"发生器。晶振在电路中的符号常用 X、G 或 Z 来表示。

晶振用频率的单位表示,基本单位是赫兹(Hz),其他单位有千赫(kHz)、兆赫(MHz),单位换算为 $1\mathrm{Hz}=10^{-3}\mathrm{kHz}=10^{-6}\mathrm{MHz}$。数值标注通常采用直标法,单位为 MHz。

1.1.7　集成电路

集成电路(Integrated Circuit,IC)是将晶体管、电阻、电容、二极管等电子组件整合在一片芯片上。由于集成电路的体积极小,使得电子运动的距离大幅缩小,因此速度极快且可靠性高。集成电路的种类一般是以内含晶体管等电子组件的数量来分类。

集成电路引脚数有 8、10、12、14、16、18、20、24、28、40、52 等多种,它在电路中的符号常用 IC、N 或 U 来表示。

引脚排列顺序:如图 1-5 所示(顶视图),引脚向下,缺口、色点等标记从左下脚开始按逆时针方向数引脚,依次为 1,2,3,…。

常见集成电路封装形式如图 1-6 所示。

常用集成电路分类如图 1-7 所示。

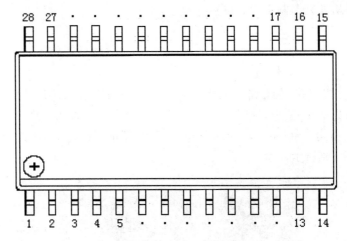

图 1-5　集成电路引脚顶视图

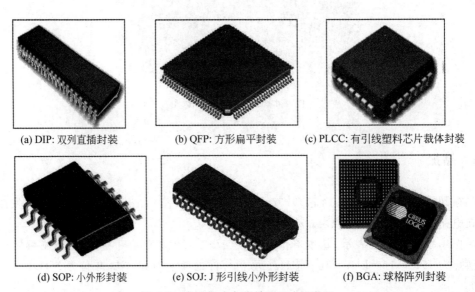

(a) DIP: 双列直插封装　　(b) QFP: 方形扁平封装　　(c) PLCC: 有引线塑料芯片裁体封装

(d) SOP: 小外形封装　　(e) SOJ: J形引线小外形封装　　(f) BGA: 球格阵列封装

图 1-6　常见集成电路封装形式示意图

1.1.8　PCB

PCB(Printed Circuit Board,印制电路板)是各类电子产品的基础零件,若将电路板上已安装的各类贴片元件和插装元件去掉,布满细密电路的板子就称之为印制电路板,它的主要功能是提供板上各项元器件的相互之间的电气连接,如图 1-8 所示。

过孔:连通各层之间线路的金属孔。

丝印层:为方便电路的安装和维修等,在印制板的上下两面印制上所需要的标志图案和文字代号等,例如元件标号和标称值、方向、元件外廓形状和厂家标志、生产日期等。

焊盘:是 PCB 上用来与电子零件引脚相焊接、有金属涂层的位置。

阻焊膜:是在焊盘以外的各部位涂覆的一层涂料,用于阻止这些部位上锡,常称为"绿油"。

单面板:零件集中在其中一面,导线则集中在另一面上。

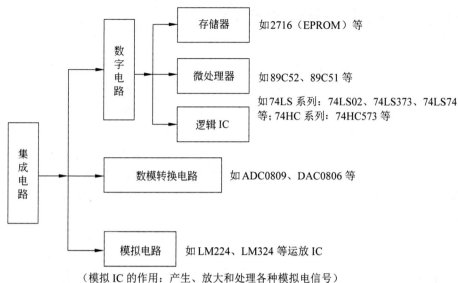

图 1-7　常见集成电路分类

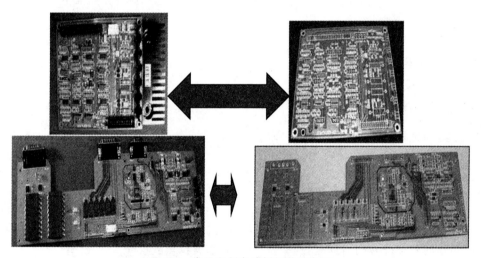

图 1-8　常见印制电路板组件示意图

双面板：两面都有导线的电路板，两面的导线是通过孔（涂满金属的小洞）进行电气连接的。

多层板：由更多单面或双面的布线板压合而成。大部分的 PCB 都是 4～8 层的结构，还有多达近 100 层的 PCB。

1.1.9　连接器

连接器一般由插头和插座组成，其中插头也称为自由端连接器，插座也称为固定连接器，将它连接在电路间的开路端，通过插头、插座的插合和分离来实现电路的连接和断开作用。接触部分有插孔和插针。插头和插座一般有插针式和座孔式。

1.2 物联网基础电路元器件手工焊接

本节的学习目标：物联网基础电路元器件手工焊接是一门科学，其原理是通过加热的烙铁将固态焊锡丝加热熔化，再借助助焊剂的作用，使其流入被焊金属之间，待冷却后形成牢固可靠的焊接点。当焊料为锡铅合金、焊接面为铜膜时，焊料先对焊接表面产生润湿，伴随着润湿现象的发生，焊料逐渐向金属铜扩散，在焊料与金属铜的接触面形成附着层，使其牢固地结合起来。所以焊锡是通过润湿、扩散和冶金结合这三个物理、化学过程来完成的。

电路板焊接是根据电路原理图的要求，在万用板或 PCB 底板上准确地焊接好对应的元器件。本节项目重点包括：(1)元器件识别与选择；(2)电路原理图的使用；(3)焊接元器件顺序及步骤。

本节项目难点：样板焊接方法及步骤和样板焊接故障排除。

1.2.1 焊接准备

实际焊接操作中，要根据顺序依次找出各元器件的引脚位置，预先判断清楚引脚的正负。

1. 焊接工艺

(1) 检查元器件，确定选型正确。

(2) 分步焊接。

(3) 自检、交验。

2. 工具的选择

(1) 焊锡丝的选择：直径为 0.8mm 或 1.0mm 的焊锡丝，用于电子或电类焊接；直径为 0.6mm 或 0.7mm 的焊锡丝，用于超小型电子元件焊接。

(2) 电烙铁的选择及使用方法如下：

• 焊接集成电路、晶体管及其他受热易损件的元器件时，考虑选用 20W 内热式电烙铁。

• 焊接较粗导线及同轴电缆时，考虑选用 50W 内热式电烙铁。

• 焊接较大元器件时，如金属底盘接地焊片，应选 100W 以上的电烙铁。

有铅恒温烙铁温度一般控制在 280～360℃，默认设置为 330℃±10℃，焊接时间需小于3s。焊接时烙铁头同时接触在焊盘和元器件引脚上，加热后送锡丝焊接。部分元器件的特殊焊接要求如下。

• 表面贴装器件：焊接时烙铁头温度为 320℃±10℃；焊接时间为每个焊点 1～3s。

• 拆除元件时烙铁头温度：310～350℃(注意：根据 CHIP 件尺寸不同使用不同的烙铁嘴)。

• 双列直插封装器件：焊接时烙铁头温度为 330℃±5℃；焊接时间为 2～3s。

注意：当焊接大功率(TO-220、TO-247、TO-264 等封装)或焊点与大铜箔相连时，上述温度无法焊接，烙铁温度可升高至 360℃；当焊接敏感怕热零件(LED、CCD、传感器等)时，温度控制在 260～300℃。

无铅恒温烙铁温度一般控制在 $340\sim380\,℃$，默认设置为 $360\,℃\pm10\,℃$，焊接时间小于 3s。

（3）电烙铁使用注意事项如下：

- 电烙铁不宜长时间通电而不使用，这样容易使烙铁心加速氧化而烧断，缩短其寿命，同时也会使烙铁头因长时间加热而氧化，甚至被严重氧化后很难再上锡。
- 手工焊接使用的电烙铁需带防静电接地线，焊接时接地线必须可靠接地，防静电恒温电烙铁插头的接地端必须可靠接交流电源保护地。电烙铁绝缘电阻应大于 $10\,M\Omega$，电源线绝缘层不得有破损。
- 将万用表调至电阻档，表笔分别接触烙铁头部和电源插头接地端，接地电阻值稳定显示值应小于 $3\,\Omega$；否则接地不良。
- 烙铁头不得有氧化、烧蚀、变形等缺陷。烙铁不使用时上锡保护，长时间不用必须关闭电源防止空烧，下班后必须拔掉电源。
- 烙铁放入烙铁支架后应能保持稳定、无下垂趋势，护圈能罩住烙铁的全部发热部位。支架上的清洁海绵加适量清水，使海绵湿润不滴水为宜。

（4）手工焊接所需的其他工具如下。

- 镊子：端口闭合良好，镊子尖无扭曲、折断。
- 防静电手腕：检测合格，手腕带松紧适中，金属片与手腕部皮肤贴合良好，接地线连接可靠。
- 防静电指套，防静电周转盒、箱，吸锡枪、斜头钳等。

（5）量具的选择如下。

- 万用表。
- 尺子。

（6）设备的选择：专用焊接工作台。

1.2.2　焊接 51 单片机最小系统

本实训案例的技能点分解及要求，详见表 1-2。

表 1-2　焊接 51 单片机最小系统的技能点分解及要求

序号	技能点分解	技能要求	实训案例效果图
1	元器件识别与选择	掌握电路常用元器件的识别与选择方法	
2	MCU51（DIP40）引脚的认识	掌握 MCU51 引脚的使用方法	
3	51 单片机最小系统工作原理	掌握 51 单片机最小系统工作原理	
4	电路原理图的使用	掌握电路原理图的使用方法	
5	焊接元器件（电阻、电容、发光二极管、三极管、MCU 底座等）	掌握焊接元器件（电阻、电容、发光二极管、三极管、MCU 底座等）方法	
6	按照电路原理图，焊接相应元器件，焊接 51 单片机最小系统	掌握焊接元器件顺序及步骤	

1. 原理图及元器件型号

本案例电路板的核心原理如图 1-9 所示。

本案例焊接好的电路板的样板如图 1-10 所示。

本案例所需元器件清单,如表 1-3 所示。

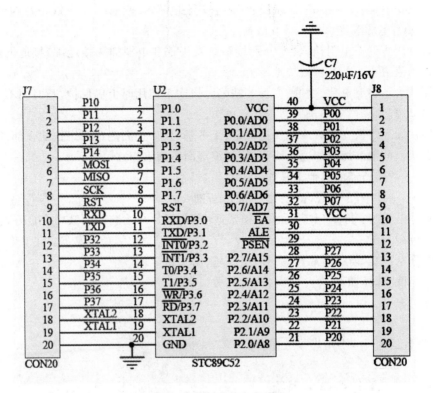

图 1-9 电路板的核心原理图

图 1-10 焊接好的 PCB

表 1-3　C51 单片机最小系统元器件明细表

规 格 名 称	位　号	数　量
瓷片电容 104p	C1~C6	6
1/8W 直插电阻 1kΩ	R1~R3	3
1kΩ 排阻	RP2	1
1/8W 直插电阻 10kΩ	R4,R5	1
简易牛角座	J9	1
电解电容 220μF/16V	C7	1
22pF 瓷片电容	C8,C9	2
0.5A 自恢复熔丝	F1	1
直流电源插座	J1	1
3P 圆孔座	J11	1
11.0592M 晶振	J11	1
20P 单排插针	J7,J8	2
DR 串口母头	J5	1
10P 双排针	J10	1
3P 单排针	J6	1
2.54mm 跳线帽	J6	1
16P 单排母座	J4	1
20P 单排母座	J3	1
3mm 红色发光二极管	D1~D11	11
16P IC 座	U1	1
插件 MAX232	U1	1
10k 电位器	RW1	1
40P 单片机锁紧座	U2	1
自锁开关	S1	1
USB—A 插座	J2	1
按键	S2,S3,S4,S5	5
STC89C52 单片机	U2	1
MAX232	U1	1

本案例所需空的 PCB 如图 1-11 所示。

（a）PCB 正面　　　　　　　　　　（b）PCB 背面

图 1-11　本案例所需空的 PCB

2. 焊接质量及技术要求

焊接质量及技术要求如下。

（1）具有良好的导电性。焊点要具有良好的导电性，关键在于焊料与被焊金属面的原子间是否互相扩散（润湿）而完全形成合金。这种合金是一种化合物，具有良好的导电性。如果不能形成或只有局部形成合金，而焊料与被焊金属只是简单地堆积和混合，这是常说的虚焊、假焊。这样的焊点不导电或导电性极差；或暂时导电，时间一长便不导电。

（2）具有一定的机械强度。焊点除了在电气上接通电路某点外，还要支撑元器件的重量，这就需要焊点除具有好的导电性能外，还要具有一定的机械强度。为了增加焊点强度，可以增加焊盘的面积，使焊后形成的合金面积也增大。另外，采用打弯元器件焊脚，实行钩接、绞合、网绕后再焊也是增加机械强度的有效措施。

（3）表面光亮圆滑，无空隙，无毛刺。必须正确选用焊剂及焊接温度，具备熟练的操作技能。产生空隙、毛刺主要是由于操作不当和焊接温度选择不当造成的。空隙和毛刺不但使外观难看，在高压电路中还极易引起放电而损坏电路元器件。

（4）焊料量要适当。焊料以包着引线，灌满焊盘为宜。

3. 制作步骤（焊接流程）

制作步骤（焊接流程）如表 1-4 所示。

表 1-4　C51 单片机最小系统制作步骤（焊接流程）细表

序号	焊　接　内　容	焊接示例图
1	按照空 PCB 的丝印提醒标注，确认各元器件焊接的正确位置	

序号	焊 接 内 容	焊 接 示 例 图
2	焊接 R1,1kΩ 电阻,插好零件,在 PCB 背面用烙铁焊接好电阻的其中一个脚 检查正面的零件有没有和电路板贴在一起,如果有翘起的情况,可以用烙铁一边加热背面焊接好的焊盘,一边用手按压正面的零件直到压平,然后焊接好另外一个脚即可	
3	焊接 R2,1kΩ 电阻	
4	焊接 R3,1kΩ 电阻	
5	焊接 R4、R5,10kΩ 电阻	

序号	焊接内容	焊接示例图
6	焊接 C1、C2、C3、C4,104 电容	
7	焊接发光二极管。注意长正、短负,脚长的那个脚是正极,长脚对应 PCB 上的"＋"号那里	
8	焊接独立按键 S6、S5、S4、S3、S2	
9	焊接 C5、C6、C8、C9 电容	

续表

序号	焊 接 内 容	焊 接 示 例 图
10	认识 9 脚排阻,有白菱形块的一端是 1 脚(电源公共端),102 代表 1kΩ,103 代表 10kΩ	
11	认识排阻,有白点的一端是 1 脚(电源公共端),102 代表 1kΩ,103 代表 10kΩ	
12	排阻 RP102 焊接位置	
13	焊接用于调节 LCD1602 背光亮度的电位器 RW1,焊接 J6	

序号	焊 接 内 容	焊接示例图
14	焊接 UI 底座,焊接 J11	
15	焊接 LCD1602,LCD12864 底座	
16	焊接电源复位开关 S1	
17	焊接 DC 5V 底座	

序号	焊 接 内 容	焊接示例图
18	焊接 USB 接口,焊接串口 DB9,焊接 J10,焊接 ISP 接口。注意缺口位置	
19	焊接 MCU 底座,焊接装单片机的锁紧时,一定让手柄和紧锁呈 90°再焊接,如果压平焊接会造成卡不紧单片机等问题,请务必注意	
20	插上 12M 晶振,插上 MAX232 芯片,装上单片机,压下锁紧的手柄,注意单片机缺口方向,在 J6 处插好跳线帽	
21	插上 5V 电源,按下白色电源开关键,D9 power 发光二极管亮;D1～D8 八只发光二极管出现流水灯效果,说明电路焊接成功	

小提示：手工焊接常见缺陷及其原因分析，如表 1-5 所示。

表 1-5　手工焊接常见缺陷及其原因分析

缺陷	外 观 特 点	危　　害	原 因 分 析
过热	焊点发白，表面较粗糙，无金属光泽	焊盘强度降低，容易剥落	烙铁功率过大，加热时间过长
冷焊	表面呈豆腐渣状颗粒，可能有裂纹	强度低，导电性能不好	焊料未凝固前焊件抖动
拉尖	焊点出现尖端	外观不佳，容易造成桥连短路	(1) 助焊剂过少而加热时间过长 (2) 烙铁撤离角度不当
桥连	相邻导线连接	电气短路	(1) 焊锡过多 (2) 烙铁撤离角度不当
铜箔翘起	铜箔从印制板上剥离	印制电路板已被损坏	焊接时间太长，温度过高
虚焊	焊锡与元器件引脚和铜箔之间有明显黑色界限，焊锡向界限凹陷	设备时好时坏，工作不稳定	(1) 元器件引脚未清洁好、未镀好锡或锡氧化 (2) 印制板未清洁好，喷涂的助焊剂质量不好
焊料过多	焊点表面向外凸出	浪费焊料，可能包藏缺陷	焊丝撤离过迟
焊料过少	焊点面积小于焊盘的80%，焊料未形成平滑的过渡面	机械强度不足	(1) 焊锡流动性差或焊锡撤离过早 (2) 助焊剂不足 (3) 焊接时间太短

1.3　物联网单片机程序下载器与程序烧录

本节的学习目标：物联网开发相关软件主要包括数据线的驱动软件(如 HL340 芯片)、单片机程序开发需要的编程软件(如 KEIL UV)及程序烧录软件(如 STC_ISP_V 等)。

程序烧录，即把程序下载到控制器(单片机、嵌入式等)的存储器中。本模块案例中单片机烧录，就是将编写好的程序烧写到单片机内。本节项目重点有单片机 DB9P 串口下载器制作、单片机 PL2303 下载器制作。

本节项目难点包括 DB9P 串口程序下载方法及步骤；PL2303 程序下载方法及步骤；程序下载故障排除。

1.3.1　单片机 DB9P 串口下载器制作

单片机 DB9P 串口下载器制作的技能点分解及要求，如表 1-6 所示。
本节项目重点包括：
(1) DB9P 串口下载器的原理图认识；
(2) DB9P 串口下载器的使用方法。
本节项目难点有：
(1) DB9P 串口程序下载方法及步骤；

表 1-6　焊接 51 单片机最小系统的技能点分解及要求

序号	技能点分解	技能要求	实训案例原理图
1	DB9P 串口下载器原理的认识	掌握 DB9P 串口下载器的使用方法	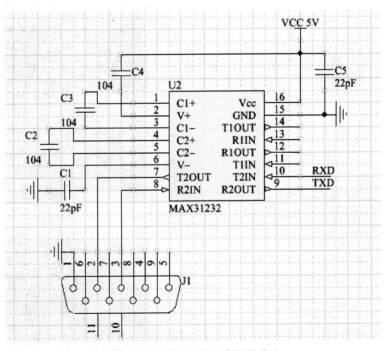

（2）程序下载故障排除。

本节操作思路如下。

电路原理图识读，如图 1-12 所示。

图 1-12　DB9P 串口下载器原理图

DB9P 串口下载器的制作所需要的元器件如下：

• DB9P 串口。

• PCB 底板。

- 104 电容三个。
- 22pF 的电容两个。
- 4 个引脚排针一个。
- MAX232 及底座各一个。

DB9P 串口焊接流程,如表 1-7 所示。

表 1-7　DB9P 串口下载器的制作焊接流程

序号	操 作 内 容	操 作 简 图
1	按照空 PCB 的丝印提醒标注,确认各元器件焊接的正确位置	
2	焊接 MAX232 及底座。检查正面的零件有没有和电路板贴在一起,如果有翘起的情况,可以用烙铁一边加热背面焊接好的焊盘,一边用手按压正面的零件直到压平,然后焊接好另外一个脚即可	
3	焊接 104 电容三个	

序号	操 作 内 容	操 作 简 图
4	焊接 22pF 的电容两个	
5	焊接排针	
6	焊接 DB9P 串口	

USB 转串口数据线的驱动软件安装流程如表 1-8 所示。

表 1-8　USB 转串口数据线的驱动软件安装流程

序号	操作内容	安装简图
1	安装 CH341 驱动。打开资料里面的 CH341 驱动/文件夹。双击"CH341 驱动.exe"图标,出现如右图所示对话框,单击"安装"按钮后,软件将自动安装完成	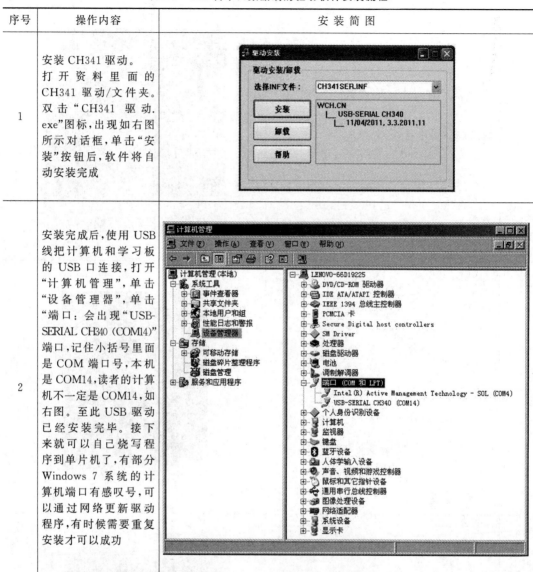
2	安装完成后,使用 USB 线把计算机和学习板的 USB 口连接,打开"计算机管理",单击"设备管理器",单击"端口:会出现"USB-SERIAL CH340 (COM14)"端口,记住小括号里面是 COM 端口号,本机是 COM14,读者的计算机不一定是 COM14,如右图。至此 USB 驱动已经安装完毕。接下来就可以自己烧写程序到单片机了,有部分 Windows 7 系统的计算机端口有感叹号,可以通过网络更新驱动程序,有时候需要重复安装才可以成功	

通过 USB 转串口数据线,单片机烧录程序流程,如表 1-9 所示。

表 1-9　通过 USB 转串口数据线,单片机烧录程序步骤

序号	操作内容	下载简图
1	STC 单片机烧录软件使用	
2	右击文件,选择"解压文件"	1-STC-ISP-V4.83-…

续表

序号	操作内容	下 载 简 图
3	解压完成后出现一个文件夹	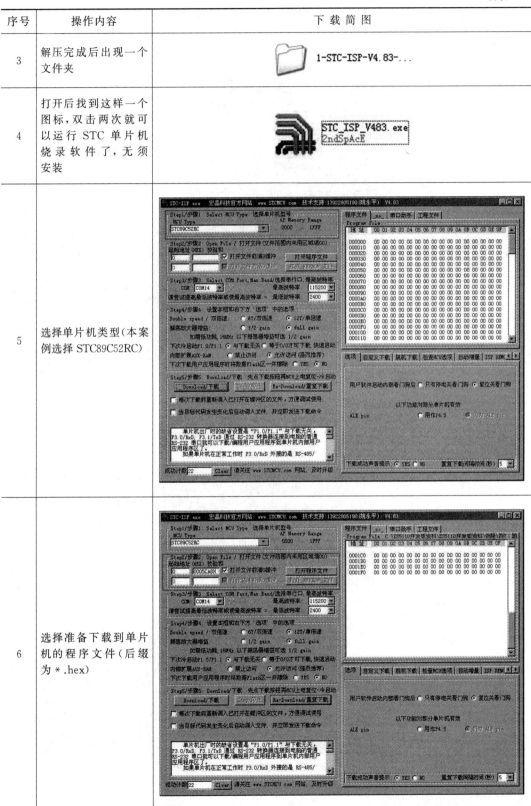
4	打开后找到这样一个图标,双击两次就可以运行 STC 单片机烧录软件了,无须安装	
5	选择单片机类型(本案例选择 STC89C52RC)	
6	选择准备下载到单片机的程序文件(后缀为 *.hex)	

续表

序号	操作内容	下载简图
7	选择端口号	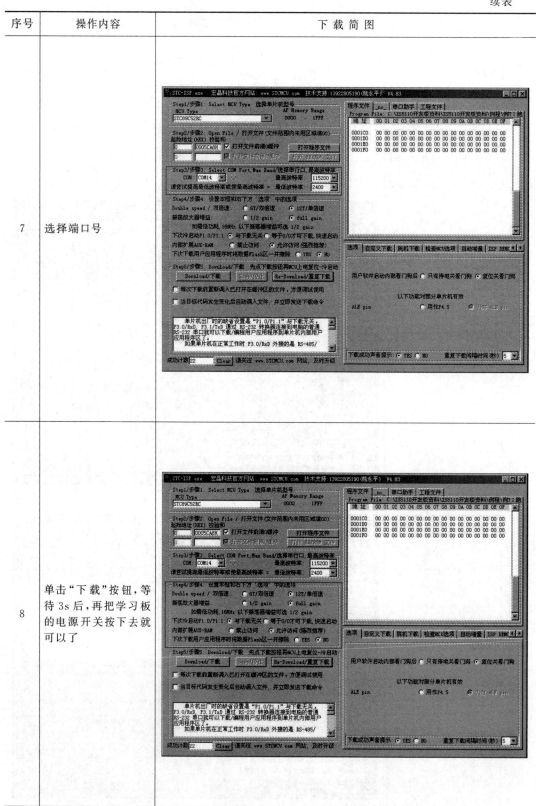
8	单击"下载"按钮,等待3s后,再把学习板的电源开关按下去就可以了	

续表

序号	操作内容	下 载 简 图
9	下载成功会提示加密等字样。如果下载不成功,可以重复按电源开关两次或者重复以上操作	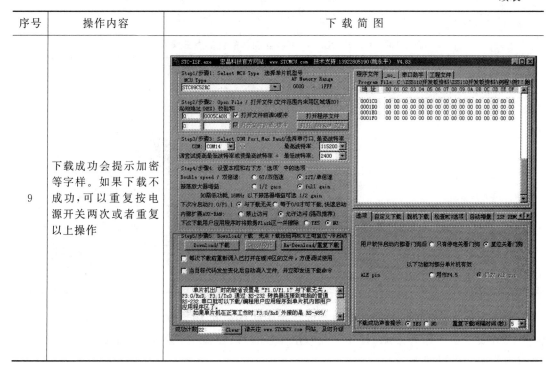

1.3.2　单片机 PL2303 下载器制作

驱动软件:主要完成对单片机数据线的驱动功能(值得注意的是,不同种类的数据线,内部芯片不一定完全一致,所以,每种数据线需要找到指定的驱动软件才能保证驱动成功)。只有下载器的驱动被成功安装之后,才能保证单片机与 PC 之间进行正常数据通信,例如,将 PC 中编译好的程序烧录到单片机内部 ROM,或者利用单片机控制 PC。USB-TTL/在线编程器使用 USB 接口,可为笔记本电脑用户解决没有串口而不方便编程 STC 系列单片机的问题。

USB-TTL/在线编程器优点:

(1) 支持 USB 1.1 或 USB 2.0 通信。

(2) 全面支持 Windows 98、Windows ME、Windows 2000、Windows XP、Windows 7 等操作系统。

(3) 采用 USB 口供电,板内带有 500mA 自恢复保险丝或保险电阻,保护计算机主板不被意外烧毁。

(4) 在对芯片编程时可以使用目标系统本身电源,也可以使用编程器从 USB 口取电供给目标板,但应保证目标电流不大于 500mA,以免不能正常编程。

(5) 编程不影响目标板的程序运行。

(6) 支持 STC 全系列芯片烧录。

(7) 编程器提供 3.3V 与 5V 的电压输出接口。

(8) 速度比并口编程更快更稳定,更方便笔记本电脑用户使用。

（9）采用进口原装芯片，能进行高速稳定编程。

单片机 PL2303 下载器制作的技能点分解及要求，如表 1-10 所示。

表 1-10　单片机 PL2303 下载器制作的技能点分解及要求

序号	技能点分解	技能要求	实训案例原理图
1	PL2303 下载器原理的认识	掌握 PL2303 下载器原理及下载程序方法	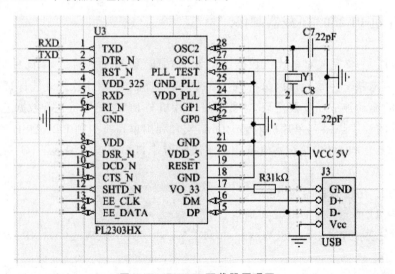

本节项目重点包括 PL2303 下载器的原理图的认识和 PL2303 下载器的使用方法。

本节项目难点是 PL2303 程序下载方法及步骤，以及程序下载故障排除。

本节操作思路如下。

单片机 PL2303 下载器原理图，如图 1-13 所示。

图 1-13　PL2303 下载器原理图

PL2303 下载器的制作所需要的元器件如下：

· USB PL2303 下载头；

· 杜邦排线（四根一组）。

PL2303 程序下载制作流程，如表 1-11 所示。

表 1-11　PL2303 程序下载制作步骤

序号	操作内容	操作简图
1	将 USB PL2303 下载头与杜邦排线（四根）连接起来：橘红色线，接+5V；黄色线，接 GND；绿色线，接 RXD；蓝色线，接 TXD	
2	将杜邦排线（四根）与 MCU 相连接：橘红色线，接排针 VCC 引脚；黄色线，接排针 GND 引脚；绿色线，接排针 TXD 引脚；蓝色线，接排针 RXD 引脚	
3	解压 USB-TTL 客户包，首先安装驱动程序，Windows XP 用户安装"PL-2303 WinXP Driver Installer"，Windows Vista 或 Windows 7 用户安装"PL-2303 Vista&Win7 Driver Installer"；双击相应的驱动程序进入安装过程，所有选项全部选择默认，直到安装完成	
4	安装完驱动程序后，将 USB-TTL 插入计算机，计算机会提示发现新硬件，此时计算机会自动安装完驱动程序并提示安装完成	

序号	操作内容	操作简图
5	此时计算机设备管理器中会出现相应的串口设备，注意记住 COM 号	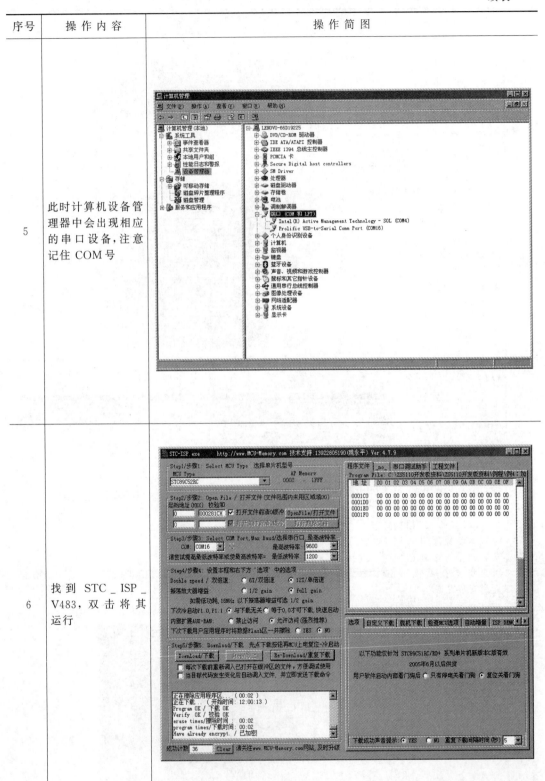
6	找到 STC _ ISP _ V483，双击将其运行	

续表

序号	操 作 内 容	操 作 简 图
7	选择单片机型号	
8	设置串口号及波特率 注意此步的串口号即是以上在设备管理里面对应的串口号,必须对应,波特率采用默认无须设置	
9	加载需要烧录的文件,应为 hex 或 bin 格式	

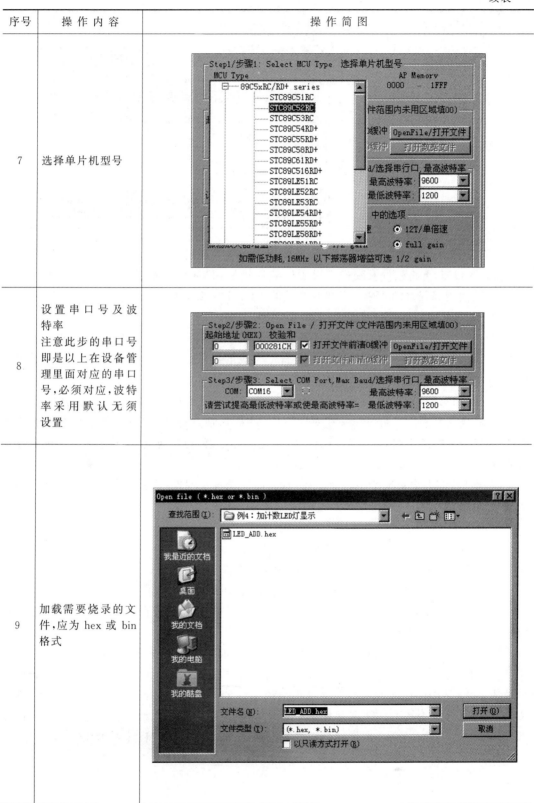

续表

序号	操作内容	操作简图
10	烧录程序：软件设置好及硬件连接好后，即可进行编程烧录	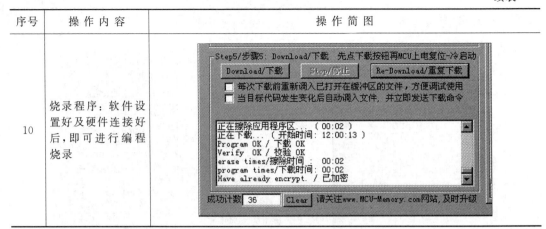

STC 下载有严格的步骤顺序要求，请按如下顺序下载程序。

（1）下载前，请将软件及硬件都设置好与连接好，并且目标板不需要供电，即为关电状态，如果是使用编程器的 VCC，下载前请拔掉 VCC 这根线，让目标板保持断电状态。

（2）单击软件的下载按钮。

（3）待软件提示请给 MCU 上电时，此时即可给目标板上电，打开电源开关或者插上编程器的 VCC 线，正常情况下，到此软件会自动完成下载与校验，并且系统会运行烧录进去的程序。

（4）如果第（3）步供电源后，软件没有反应仍然显示请给 MCU 上电，说明将 TXD 与 RXD 两根线插反了。这两根线是相对而言的，如果出现这种情况，可以将系统电源关断或拔掉 VCC 线，再将 TXD 与 RXD 两线对换，之后再按第（3）步通电，正常情况下便能自动烧录完成。

（5）STC 编程烧录应严格遵守上述步序，即先设置软件连接硬件，在电源关闭状态单击下载，在软件提示上电后开通电源，才能完成烧录过程。

疑难解答如下：

（1）提示 ID 错误：请检查器件型号是否选错。

（2）提示文件过大：请注意烧录的文件别超过单片机的容量。

（3）未发现编程器：请检查串口号是否设置正确及硬件驱动是否正常。

（4）下载一直提示请给 MCU 上电：请调换 TXD 与 RXD 数据线再试，严格按照第（1）、（2）步介绍的步序进行操作。

（5）下载握手失败：请重新下载操作，或尝试将波特率降低再重新操作。

（6）怎么弄都一直提示请给 MCU 上电或者下载多次失败。此问题请严格检查被烧录单片机系统，是否能正常工作？它的最小系统所需的相关外围电路是否正常？以及 TXD、RXD 数据线上是否挂了其他会互相影响的电子元件或电路？或者是否忘记连接 GND 地线？请严格检查这些因素，如果能全部排除，那绝对能够成功下载程序到单片机。

第2章 物联网软件开发工具基础实训

物联网单片机的程序设计需要在特定的编译器中进行。编译器完成对程序的编译、连接等工作,并最终生成可执行文件。对于单片机程序的开发,一般采用 Keil 公司的 Keil μVison 系列集成开发环境,它支持汇编语言以及 C51 等程序设计语言。

2.1 初识物联网集成开发利器 Keil μVison

本实训项目的主要学习目标是,熟悉 μVison 集成开发环境,使用 μVison 集成开发环境进行物联网单片机程序设计与仿真。

本实训项目的内容包括 μVison 简介、μVison 安装、μVison 集成开发环境。

本实训项目重点包括 μVison 集成开发环境的安装与使用。

本实训项目难点是熟悉 μVison 开发环境安装主要步骤,μVison 集成开发环境的程序开发及软件调试。

2.1.1 走进 Keil μVison 集成开发环境

Keil μVison 系列是德国 Keil Software 公司推出的 C51 系列兼容单片机软件开发系统。μVison 是集成的可视化 Windows 操作界面,其提供了丰富的库函数和各种编译工具,能够对 C51 系列单片机以及和 C51 系列兼容的绝大部分类型的单片机进行设计。Keil μVison 系列可以支持单片机 C51 程序设计语言,也可以直接进行汇编语言的设计与编译。

1. μVison 简介

目前,Keil 公司已经被 ARM 公司收购,成为 ARM 旗下的产品。Keil μVison 系列是一个非常优秀的编译器,受到广大单片机设计者的广泛使用。其主要特点如下:

(1) 支持汇编语言、C51 语言等多种单片机设计语言;

(2) 可视化的文件管理,界面友好;

(3) 支持丰富的产品线,除了 C51 及其兼容内核的单片机外,还新增加了对 ARM 内核产品的支持;

(4) 具有完善的编译连接工具;

(5) 具备丰富的仿真调试功能,可以仿真串口、并口、A/D、D/A、定时器/计数器以及中断等资源,同时也可以与外部仿真器联合进行在线调试;

(6) 内嵌 RTX-51 实时多任务操作系统;

(7) 支持在一个工作空间中进行多项目的程序设计;

(8) 支持多级代码优化。

2. Keil μVison 安装流程

(1) 进入 setup 目录,单击 setup.exe 进行安装;

(2) 选择 Install Support 将全新安装,以前没有安装过或者放弃以前的序列号安装;选择 Update Current Installation 则升级安装,可以保持原来的序列号,不必再次输入;

(3) 选择 Full 安装,除了序列号以外,可以如实输入姓名等,直到安装完成。

注意:

- 每次安装都必须进行这几步,每次都需要重新写入 AddOn 标识;
- 假如安装过程中存在病毒防火墙,可能会产生错误使安装失败,此时请先关闭病毒防火墙,然后再安装;
- 安装前必须退出正在运行的 Keil 软件,否则也会产生错误使安装失败;
- 安装过程中可能会出现安装 Secrity Key 错误,单击"确定"按钮即可。

μVison 集成开发环境可以单独安装,也可以在 ARM 为中国区特殊设计的 ARM Real View MDK 中获得。这里以最新版的 Keil μVison4 来介绍其集成开发环境的安装及使用。

3. Keil μVison 对环境及系统要求

为了达到比较好的软件运行效果,虽然 μVison4 对计算机的硬件和软件配置有一定的要求,但是一般的系统都完全可以胜任。

- 内存大于 512MB;
- 至少 500M 的硬盘剩余空间;
- Windows XP 及其以上的操作系统。

4. Keil μVison 软件安装步骤

Keil μVison 软件安装步骤,如图 2-1 所示。

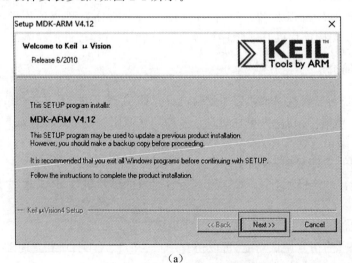

(a)

图 2-1　Keil μVison4 软件安装步骤

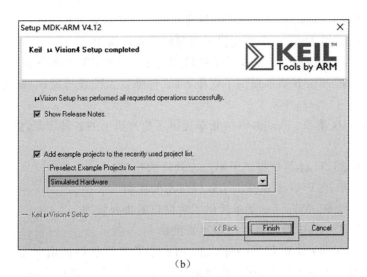

（b）

图 2-1　（续）

　　μVison4 集成开发环境提供了良好的图形交互界面和强大的功能,其支持绝大部分的 C51 系列单片机以及 ARM 内核的单片机。首先介绍 μVison4 的软件开发环境。

　　μVison4 集成开发环境是具有标准的 Windows 界面的应用程序,对于一个打开的项目工程,其界面效果如图 2-2 所示。

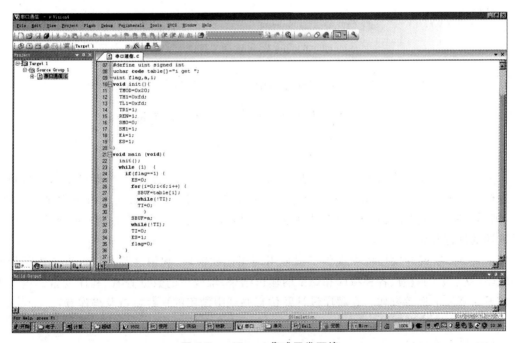

图 2-2　μVison4 集成开发环境

　　μVison4 的菜单栏提供了项目操作、编辑操作、编译调试以及帮助等各种常用操作。下面分别介绍。

　　（a）File 菜单：File 菜单提供了各种文件操作功能。

　　（b）Edit 菜单：Edit 菜单提供了单片机程序源代码的各种编辑方式。

(c) View 菜单：View 菜单提供了各种窗口和工具栏的显示和隐藏。

(d) Project 菜单：Project 菜单提供了项目的管理和编译。

(e) Debug 菜单：Debug 菜单提供了项目调试和仿真中使用的各种命令。

(f) Flash 菜单：Flash 菜单提供了程序下载、擦除以及配置等操作，需要外部仿真器的支持。

(g) Peripherals 菜单：Peripherals 菜单提供了单片机上的各种资源，供项目仿真调试时使用。

(h) Tool 菜单：Tool 菜单提供了第三方软件的控制。

(i) SVCS 菜单：SVCS 菜单提供了软件版本的控制。

(j) Window 菜单：Window 菜单提供了对窗口的排列管理。

(k) Help 菜单：Help 菜单提供了各种帮助命令。

与其他的 Windows 应用程序一样，μVison4 除了在菜单栏提供完整而丰富的操作命令，还提供了相当完善的工具栏，便于快速进行操作。下面分别进行介绍。

文件操作工具栏如图 2-3 所示。

图 2-3　μVison4 文件操作工具栏

编译工具栏提供了编译项目和文件的各种操作，如图 2-4 所示。

图 2-4　μVison4 编译工具栏

调试工具栏提供了项目仿真和调试过程中经常使用的命令，如图 2-5 所示。

图 2-5　μVison4 调试工具栏

μVison4 的集成开发环境提供了良好的项目管理配置，用户可以根据自己的习惯和需要进行适当的配置。选择 Edit→Configuration 命令，此时弹出 Configuration 对话框，如图 2-6 所示。其中有多个选项卡，每个选项卡中有很多设置选项，这里不能逐个都介绍，只选择最常用的进行介绍。

μVison4 集成开发环境中提供了很多不同用途的窗口，利用这些窗口可以完成源代码的编辑、反汇编的查看、各种编译和调试的输出结果、堆栈中的数据查看、程序变量的内容查看以及仿真波形图等操作。在程序设计及仿真调试中常用的一些窗口及操作有：

(a) 源代码编辑窗口。

(b) 反汇编窗口。

(c) 观察和堆栈窗口。

(d) 存储器窗口。

(e) CPU 寄存器窗口。

(f) 串行窗口。

(g) 逻辑分析窗口。

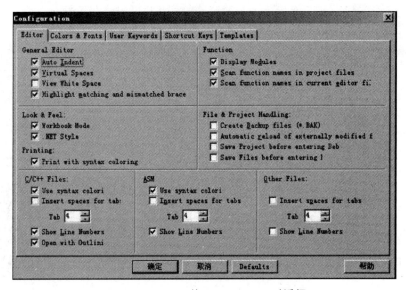

图 2-6　μVison4 的 Configuration 对话框

（h）符号观察窗口。

μVison 是一个十分优秀的单片机开发软件,应用十分广泛,熟练掌握 μVison4 集成开发环境的使用是单片机设计的基础。

2.1.2　使用 Keil 新建工程实现跑马灯效果

物联网单片机 C 语言(或称为 C51 语言)是运行在单片机上的程序语言,与 C 语言的语法结构是基本一致的。这里通过一个实例,来讲解如何在 Keil μVison4 集成开发环境下进行单片机 C 语言的程序设计。

本实训项目的主要学习目标是使用 μVison4 集成开发环境创建项目。

创建项目

双击启动 Keil μVison4 集成开发环境桌面图标🔲,开始创建项目,如图 2-7 所示。

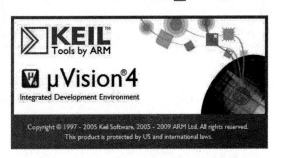

图 2-7　启动 Keil μVison 4 集成开发环境

先创建一个新的工程(Project→New μVison Project),保存到一个位置,如图 2-8 所示。弹出一个对话框,让选择处理器,这里选择 AT89C51 或 AT89S52,如图 2-9 所示。

接下来会问是否把 Startup Code 加入到工程,选择"否"即可,工程就创建完了,如图 2-10

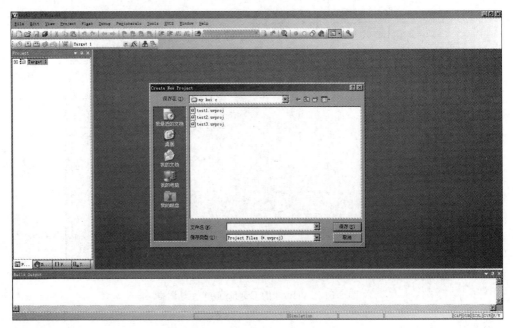

图 2-8　Keil μ Vison 4 新建工程

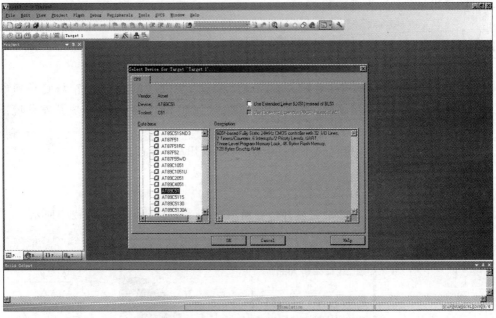

图 2-9　Keil μ Vison 4 选择 CPU 类型

所示。

新建一个文档用来编辑程序,如图 2-11 所示。

接下来可以新建一个文档用来编辑程序,如图 2-12 所示,输入以下程序内容:

```
/* this is an example written by whb. */
#include<reg52.h>
```

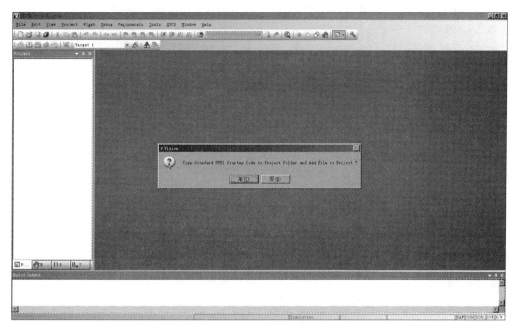

图 2-10　Keil μVison 4 创建完工程

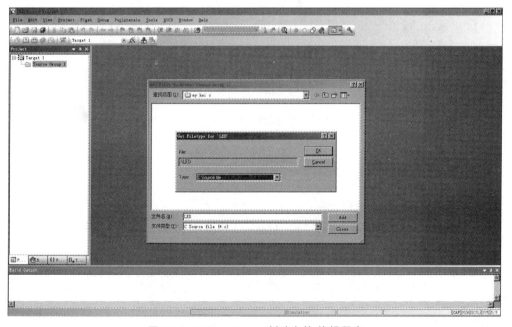

图 2-11　Keil μVison 4 新建文档,编辑程序

```
/*************************************************************
第一行是一个"文件包含"处理
所谓"文件包含"是指一个文件将另外一个文件的内容全部包含进来
*************************************************************/
#define uchar unsigned char
#define uint  unsigned int
```

```
//LED端口定义
sbit LED1= P2^0;
sbit LED2= P2^1;
sbit LED3= P2^2;
sbit LED4= P2^3;
sbit LED5= P2^4;
sbit LED6= P2^5;
sbit LED7= P2^6;
sbit LED8= P2^7;
//主函数
void main(void)
{
    uint i;
    while(1)
    {
        LED8=1;
        LED1=0;
        for(i=0;i<6000;i++);    //延时
        LED1=1;
        LED2=0;
        for(i=0;i<6000;i++);    //延时
        LED2=1;
        LED3=0;
        for(i=0;i<6000;i++);    //延时
        LED3=1;
        LED4=0;
        for(i=0;i<6000;i++);    //延时
        LED4=1;
        LED5=0;
        for(i=0;i<6000;i++);    //延时
        LED5=1;
        LED6=0;
        for(i=0;i<6000;i++);    //延时
        LED6=1;
        LED7=0;
        for(i=0;i<6000;i++);    //延时
        LED7=1;
        LED8=0;
        for(i=0;i<6000;i++);    //延时
    }
}
```

保存为.asm（汇编源文件）、.h（C 语言头文件）或.c（C 语言实现文件）即可，这里是main.c。

单击 File→New 菜单，如图 2-13 所示。

继续输入以下程序，如图 2-14 所示，并保存为 reg52.h。

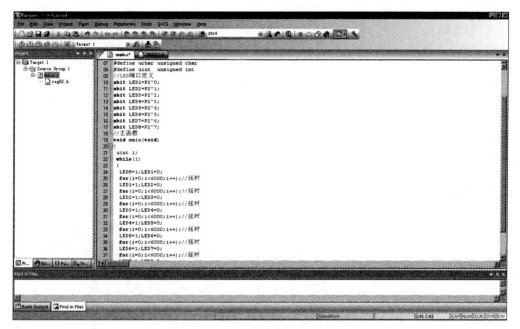

图 2-12　编辑输入 main.c

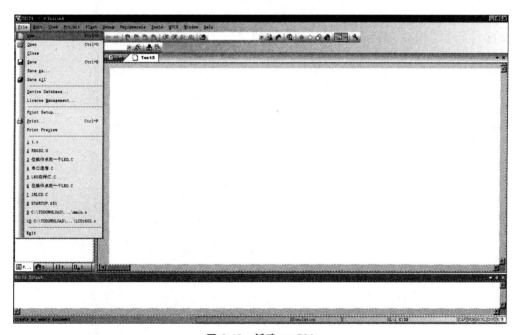

图 2-13　新建 reg52.h

```
/* -------------------------------------------------------------
reg52.h
Header file for generic 80C52 and 80C32 microcontroller.
Copyright (c) 1988-2002 Keil Elektronik GmbH and Keil Software, Inc.
All rights reserved.
------------------------------------------------------------- */
#ifndef __REG52_H__
```

```
#define __REG52_H__
/*   BYTE Registers   */
sfr P0    =0x80;
sfr P1    =0x90;
sfr P2    =0xA0;
sfr P3    =0xB0;
sfr PSW   =0xD0;
sfr ACC   =0xE0;
sfr B     =0xF0;
sfr SP    =0x81;
sfr DPL   =0x82;
sfr DPH   =0x83;
sfr PCON  =0x87;
sfr TCON  =0x88;
sfr TMOD  =0x89;
sfr TL0   =0x8A;
sfr TL1   =0x8B;
sfr TH0   =0x8C;
sfr TH1   =0x8D;
sfr IE    =0xA8;
sfr IP    =0xB8;
sfr SCON  =0x98;
sfr SBUF  =0x99;

/*   8052 Extensions   */
sfr T2CON  =0xC8;
sfr RCAP2L =0xCA;
sfr RCAP2H =0xCB;
sfr TL2    =0xCC;
sfr TH2    =0xCD;

/*   BIT Registers   */
/*   PSW   */
sbit CY    =PSW^7;
sbit AC    =PSW^6;
sbit F0    =PSW^5;
sbit RS1   =PSW^4;
sbit RS0   =PSW^3;
sbit OV    =PSW^2;
sbit P     =PSW^0;            //只有 8052 才需要此设置

/*   TCON   */
sbit TF1  =TCON^7;
sbit TR1  =TCON^6;
sbit TF0  =TCON^5;
sbit TR0  =TCON^4;
sbit IE1  =TCON^3;
sbit IT1  =TCON^2;
```

```
sbit IE0   =TCON^1;
sbit IT0   =TCON^0;

/*   IE   */
sbit EA    =IE^7;
sbit ET2   =IE^5;                    //只有 8052 才需要此设置
sbit ES    =IE^4;
sbit ET1   =IE^3;
sbit EX1   =IE^2;
sbit ET0   =IE^1;
sbit EX0   =IE^0;

/*   IP   */
sbit PT2   =IP^5;
sbit PS    =IP^4;
sbit PT1   =IP^3;
sbit PX1   =IP^2;
sbit PT0   =IP^1;
sbit PX0   =IP^0;

/*   P3   */
sbit RD    =P3^7;
sbit WR    =P3^6;
sbit T1    =P3^5;
sbit T0    =P3^4;
sbit INT1  =P3^3;
sbit INT0  =P3^2;
sbit TXD   =P3^1;
sbit RXD   =P3^0;

/*   SCON   */
sbit SM0   =SCON^7;
sbit SM1   =SCON^6;
sbit SM2   =SCON^5;
sbit REN   =SCON^4;
sbit TB8   =SCON^3;
sbit RB8   =SCON^2;
sbit TI    =SCON^1;
sbit RI    =SCON^0;

/*   P1   */
sbit T2EX  =P1^1;                    //只有 8052 才需要此设置
sbit T2    =P1^0;                    //只有 8052 才需要此设置

/*   T2CON   */
sbit TF2   =T2CON^7;
sbit EXF2  =T2CON^6;
sbit RCLK  =T2CON^5;
```

```
sbit TCLK   =T2CON^4;
sbit EXEN2  =T2CON^3;
sbit TR2    =T2CON^2;
sbit C_T2   =T2CON^1;
sbit CP_RL2 =T2CON^0;

#endif
```

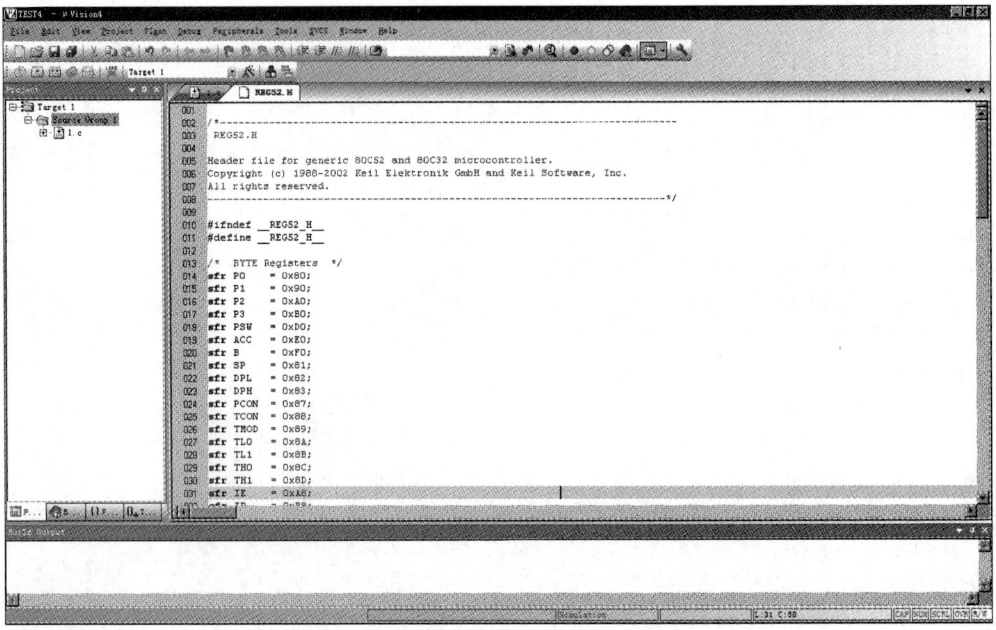

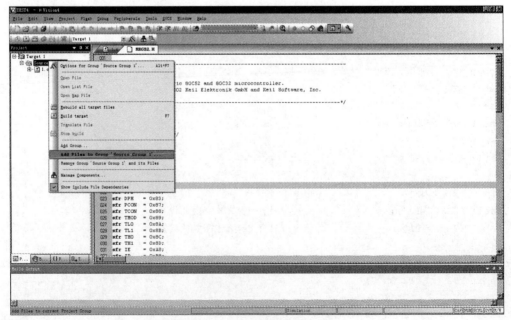

图 2-14　编辑输入 reg52.h

选择 Group→Add Files to Group 菜单，如图 2-15 所示。

图 2-15　Add Files to Group 窗口

选择文件 reg52.h,添加到本工程中,如图 2-16 所示。

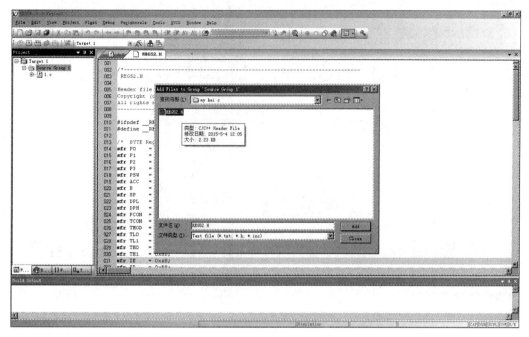

图 2-16　reg52.h 添加到工程

选择 Project→Options for Target 菜单,如图 2-17 所示。

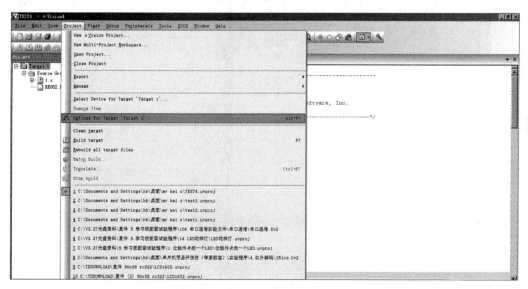

图 2-17　选择 Project→Options for Target 菜单

配置 Device、Target、Output 选项卡,如图 2-18 所示进行勾选。

项目及源文件建立完毕后便可以编译项目了。选择 Project→Build Target 菜单,即可编译,如果程序无误,则在输出窗口中显示编译结果,如图 2-19 所示。

连接好单片机和计算机的 USB,启动 STC-ISP 程序,选择正确的 MCU 类型、打开程序文件,选择正确 COM 端口号,选择最高、最低波特率,下载烧录程序到单片机,如图 2-20 所示。

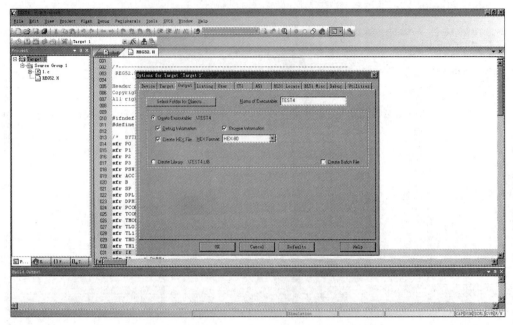

图 2-18 配置 Device、Target、Output 选项卡

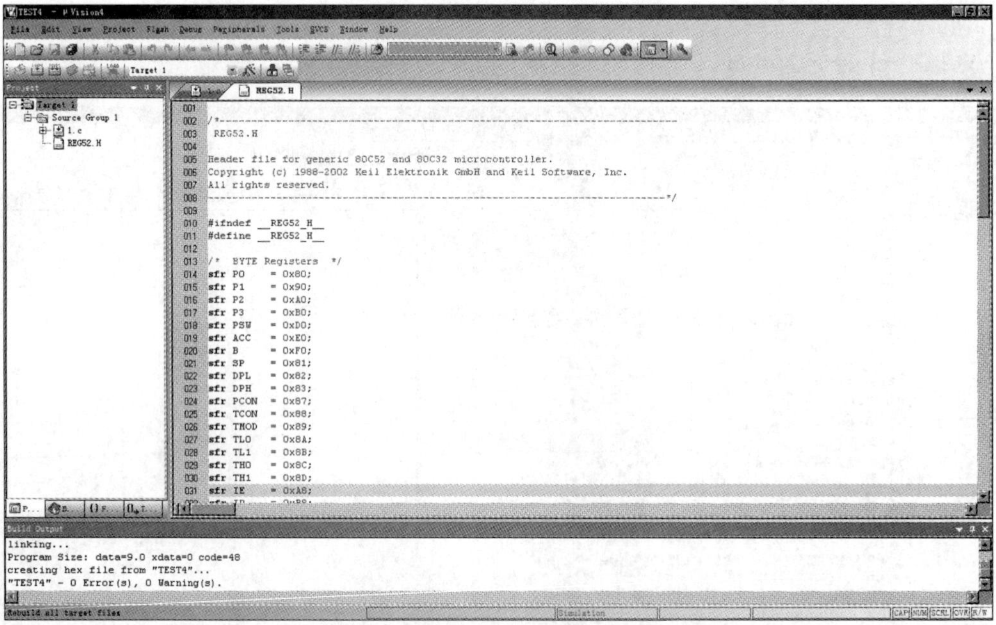

图 2-19 选择 Project→Build Target 菜单

观察单片机运行效果,如图 2-21 所示。

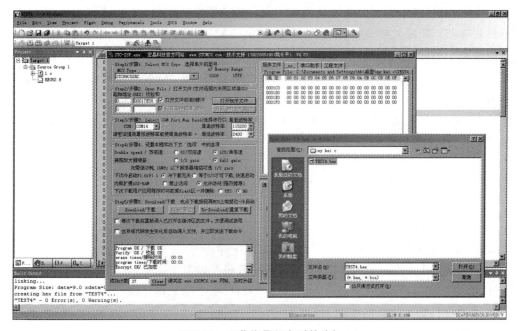

图 2-20　下载烧录程序到单片机

图 2-21　单片机运行跑马灯程序效果

2.2　物联网常用的键盘控制程序设计实训

在物联网基于 MCU 为核心构成的便携式应用系统中,用户输入是必不可少的关键部分。输入可以分很多种情况,例如,有的系统支持 PS2 键盘的接口,有的系统输入是基于编码器的,有的系统输入是基于串口或者 USB 或者其他输入通道的。在各种输入途径中,常见情况是,基于单个按键或者由单个键盘按照一定排列构成的矩阵键盘(行列键盘)。这里主要讨论基于单个按键的程序设计。按键检测的原理:单个键盘总共有四个引脚,一般情况下,处于同一边的两个引脚内部是连接在一起的,如何分辨两个引脚是否处在同一边呢?

可以将按键翻转过来,处于同一边的两个引脚,有一条突起的线将它们连接在一起,以标示它们是相连的。如果无法观察得到,用数字万用表的二极管挡位检测一下即可。

当按键没有按下的时候,单片机 I/O 通过上拉电阻 R 接到 VCC,在程序中读取该 I/O 的电平的时候,其值为 1(高电平);当按键 S 按下的时候,该 I/O 被短接到 GND,在程序中读取该 I/O 的电平的时候,其值为 0(低电平)。这样,按键按下与否,就与该按键相连的 I/O 的电平变化相对应起来。因此,在程序中通过检测该 I/O 口电平的变化与否,即可以知道按键是否被按下,从而做出相应的响应。

2.2.1 键盘控制 LED

本实训案例主要学习目标包括:首先认识单片机 CPU 与键盘的连接原理图,以及如何使用程序识别按键动作,进而给出相应的处理细节。

本实训项目重点有:识别按键动作、去抖动效果和键盘控制 LED。

本实训项目难点包括:子函数的调用;引脚高低电平的识别;延时去抖动效果。

本实训项目操作思路具体如下。

相关硬件电路如图 2-22 所示。

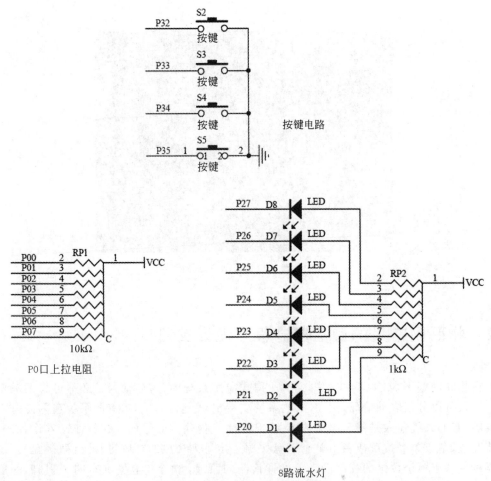

图 2-22　键盘控制 LED 电路原理图

材料准备,键盘控制 LED 所需的元器件有:

- 单片机最小系统(前面已焊接好的)。
- USB 供电线。
- 串口转 USB 下载线。

制作步骤,建立 Keil 工程文件的步骤同上。

(1) reg52.h 的内容同上。

(2) main.c 的内容如下:

```
/*************************************
功能说明:按下按键 S2 时,LED1 亮;释放按键时,LED1 灭
*************************************/
#include <reg52.h>
#define uchar unsigned char
#define uint  unsigned int
sbit LED=P2^0;                    //LED灯接口定义
sbit KEY=P3^2;                    //按键接口定义
//ms 延时函数
void Delay_xms(uint x)
{
    uint i,j;
    for(i=0;i<x;i++)
    for(j=0;j<112;j++);
}
//主函数
void main(void)                   //主函数
{
    Delay_xms(50);                //等待系统稳定
    KEY=1;                        //将 P32 置高
    while(1)
    {
        if(!KEY)                  //如果 P32 端口电平不为高,说明可能该键已被按下
        {
            Delay_xms(20);        //延时去抖动
            if(!KEY)              //P32 仍然不为高,确定该键已被按下
            {
                LED=0;            //点亮 LED 灯
            }
        }
        else
        {
            LED=1;                //熄灭 LED 灯
        }
    }
}
```

(3) 编译链接工程,形成十六进制下载文件,如图 2-23 所示。

图 2-23 编译链接工程,形成十六进制下载文件

（4）如图 2-24 所示,下载十六进制程序,烧录到单片机。特别应注意选对 CPU 的类型、串口号,下载文件,单击"下载"按钮后,冷启动单片机,耐心等待即可。

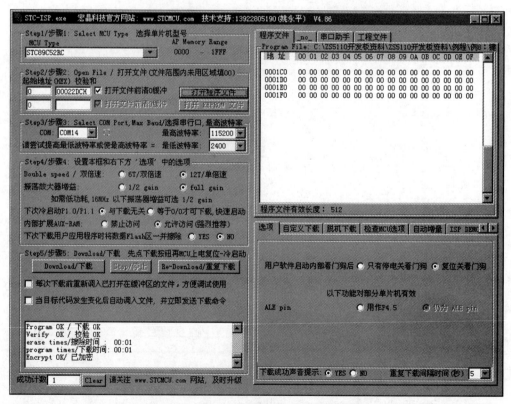

图 2-24 下载十六进制程序,烧录到单片机

（5）案例运行效果,如图 2-25 和图 2-26 所示。

图 2-25　释放按键时，LED1 灯熄灭

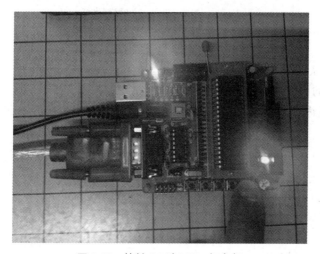

图 2-26　按键 S2 时,LED1 灯亮起

2.2.2　按键加减 LED 显示

本实训项目的主要学习目标是：首先认识单片机 CPU 与键盘的连接原理图，以及如何准确获取用户按键动作，进而给出相应的复杂处理细节。

本实训项目重点有：识别按键动作；去抖动效果；键盘控制 LED。

本实训项目难点包括：子函数的调用；引脚高低电平的识别；延时去抖动效果。

本实训操作思路如下。

按键加减 LED 显示相关硬件电路，如图 2-27 和图 2-28 所示。

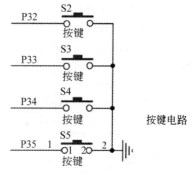

图 2-27　按键加减 LED 显示
　　　　　原理图(按键部分)

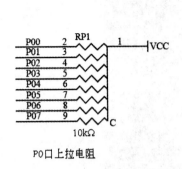

P0口上拉电阻

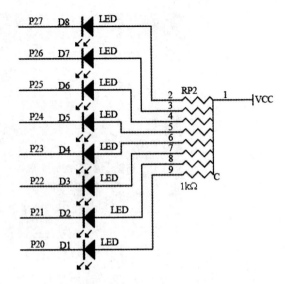

8路流水灯

图 2-28　按键加减 LED 显示总体原理图

制作步骤,建立 Keil 工程文件的步骤同上。

(1) reg52.h 的内容同上。

(2) main.c 的内容如下,如图 2-29 所示。

```
/**********************************
案例功能说明:
每按下一次 S2,LED 二进制加 1;
每按下一次 S3,LED 二进制减 1,
位为 1 的 LED 亮起
**********************************/
#include <reg52.h>
#define uchar unsigned char
#define uint  unsigned int
#define LED P2                    //定义 LED 端口
sbit KEY_ADD=P3^2;                //按键"+"定义
sbit KEY_SUB=P3^3;                //按键"-"定义
//ms 延时函数
void Delay_xms(uint x)
{
    uint i,j;
    for(i=0;i<x;i++)
    for(j=0;j<122;j++);
}
//主函数
void main(void)                   //主函数
{
    uchar temp=0;
```

```
    Delay_xms(50);                //等待系统稳定
    KEY_ADD=1;                    //将 P32 置高
    KEY_SUB=1;                    //将 P33 置高
    while(1)
    {
        if(!KEY_ADD)              //如果 P32 端口电平不为高,说明可能该键已被按下
        {
            Delay_xms(20);        //延时去抖动
            if(!KEY_ADD)          //P32 仍然不为高,确定该键已被按下
            {
                temp++;           //加 1
                while(!KEY_ADD);  //等待按键释放
            }
        }
        if(!KEY_SUB)              //如果 P33 端口电平不为高,说明可能该键已被按下
        {
            Delay_xms(20);        //延时去抖动
            if(!KEY_SUB)          //P33 仍然不为高,确定该键已被按下
            {
                temp--;           //减 1
                while(!KEY_SUB);  //等待按键释放
            }
        }
        LED=~temp;
    }
}
```

图 2-29　编辑输入 main.c 的内容

（3）编译链接工程，形成十六进制下载文件，如图 2-30 所示。

图 2-30　编译链接工程，形成十六进制下载文件

（4）如图 2-31 所示，下载十六进制程序，烧录到单片机。特别注意选对 CPU 的类型、串口号，下载文件，单击"下载"按钮后，冷启动单片机，耐心等待即可。

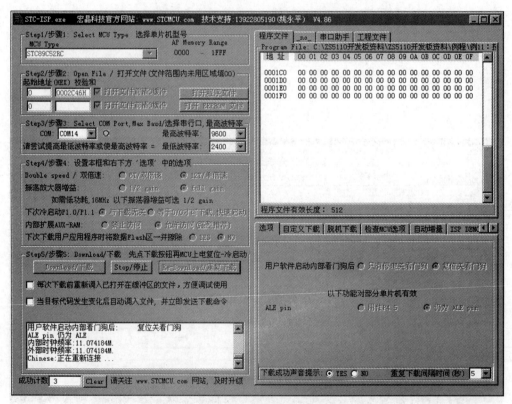

图 2-31　下载十六进制程序，烧录到单片机

（5）案例运行效果，如图 2-32、图 2-33 和图 2-34 所示。

图 2-32　位为 1 的 LED 亮起

图 2-33　每按下一次 S2，LED 二进制加 1，位为 1 的 LED 亮起

图 2-34　每按下一次 S3，LED 二进制减 1，位为 1 的 LED 亮起

2.3　物联网紧急响应机制——中断处理实训

计算机中断系统的目的是为了让 CPU 对内部或外部的突发事件及时地做出响应并执行相应的程序，在物联网的软硬件开发中它有着十分重要的作用。

本节重点：外部中断 0；外部中断 1；定时器中断。

本节难点：外部中断 0 识别及响应机制；外部中断 1 识别及响应机制；定时器中断识别及响应机制。

2.3.1　外部中断 0(下降沿中断)

本实训项目的主要学习目标是：首先理解单片机 CPU 中断原理，以及如何使用外部中断 0(下降沿中断)，进而给出相应的中断响应处理细节。

本实训项目重点：识别外部中断 0(下降沿中断)；理解中断的工作机制；中断响应处理。

本实训项目难点：中断函数的写法；下降沿中断的识别。

本实训操作思路如下。

外部中断 0(下降沿中断)相关硬件电路原理图，如图 2-35 和图 2-36 所示。

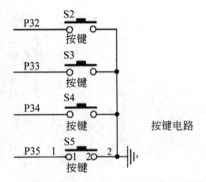

图 2-35　外部中断 0(下降沿中断)原理图(按键部分)

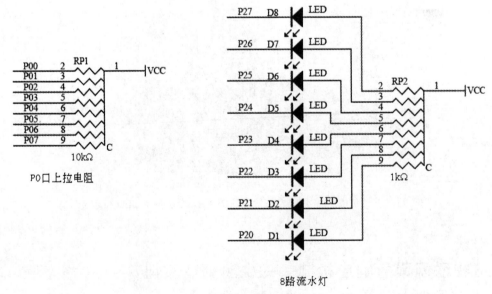

图 2-36　外部中断 0(下降沿中断)总体原理图

建立 Keil 工程文件的步骤同前。

（1）reg52.h 的内容同上。

（2）main.c 的内容如下,输入界面如图 2-37 所示。

```
/*********************************
说明:
按下按键 S2,P2 口对应的 8 个 LED 将被点亮;
再次按下时,P2 口对应的 8 个 LED 将熄灭,如此循环
*********************************/
#include <reg52.h>
#define uchar unsigned char
#define uint  unsigned int
#define LED P2
sbit P32=P3^2;
//外部中断 0 函数
void Int0() interrupt 0           //外部中断 0 是 0 号中断
{
    LED=~LED;                     //取反 LED 状态
}
//主函数
void main(void)
{
    IT0=1;                        //下降沿触发
    EX0=1;                        //打开 INT0 中断
    EA=1;                         //打开总中断
    P32=1;                        //将 P32 置高
    while(1);                     //程序在这里挂起
}
```

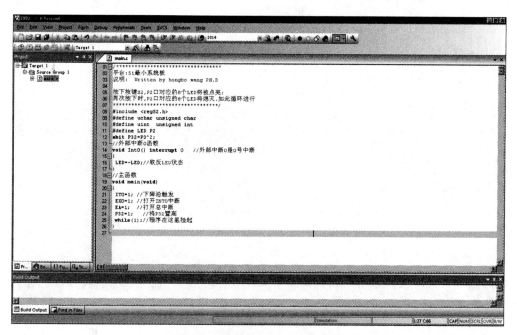

图 2-37　编辑输入 main.c 的界面

编译链接工程,形成十六进制下载文件,如图 2-38 所示。

图 2-38 编译链接工程,形成十六进制下载文件

下载十六进制程序单片机,如图 2-39 所示。特别注意选对 CPU 的类型、串口号,下载文件,单击"下载"按钮后,冷启动单片机,耐心等待即可。

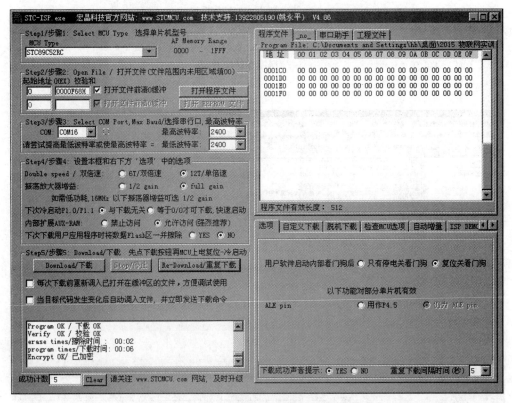

图 2-39 烧录十六进制程序到单片机操作界面

案例运行效果如图 2-40 和图 2-41 所示,完成按下按键 S2,P2 口对应的 8 个 LED 将被

点亮;再次按下时,P2 口对应的 8 个 LED 将熄灭,如此循环。

图 2-40　按下按键 S2,P2 口对应的 8 个 LED 将被点亮

图 2-41　再次按下时,P2 口对应的 8 个 LED 将熄灭

2.3.2　外部中断 1(下降沿中断)

本实训项目的主要学习目标是:首先理解单片机 CPU 中断原理,以及如何使用外部中断 1(下降沿中断),进而给出相应的中断响应处理细节。

本实训项目重点:识别外部中断 1(下降沿中断);理解外部中断 1 的工作机制;外部中断 1 响应处理。

本实训项目难点:外部中断 1 初始化的写法;下降沿中断的识别。

本实训操作思路如下。

外部中断 1(下降沿中断)相关硬件电路原理图,如图 2-42 和图 2-43 所示。

建立 Keil 工程文件的步骤同前。

(1) reg52.h 的内容同上。

(2) main.c 的内容如下,输入界面如图 2-44 所示。

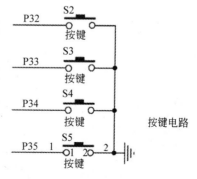

图 2-42　外部中断 1(下降沿中断)
原理图(按键部分)

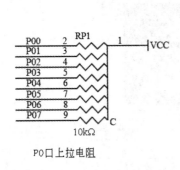

P0口上拉电阻

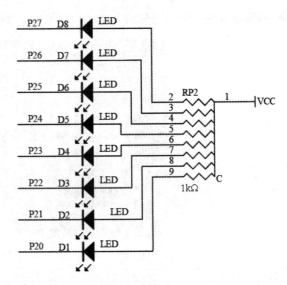

8路流水灯

图 2-43　外部中断 1(下降沿中断)总体原理图

```
/***********************************

平台:51最小系统板
说明：  Written by hongbo wang PH.D

说明:按下按键 S3,P2 口对应的 8 个 LED 将被点亮;
再次按下时,P2 口对应的 8 个 LED 将熄灭,如此循环
***********************************/
#include <reg52.h>
#define uchar unsigned char
#define uint  unsigned int
#define LED P2
sbit P33=P3^3;
//外部中断 0 函数
void Int1() interrupt 2          //外部中断 1 是 2 号中断
{
    LED=~LED;                    //取反 LED 状态
}
//主函数
void main(void)
{
    IT1=1;                      //下降沿触发
    EX1=1;                      //打开 INT1 中断
    EA=1;                       //打开总中断
    P33=1;                      //将 P33 置高
    while(1);                   //程序在这里挂起
}
```

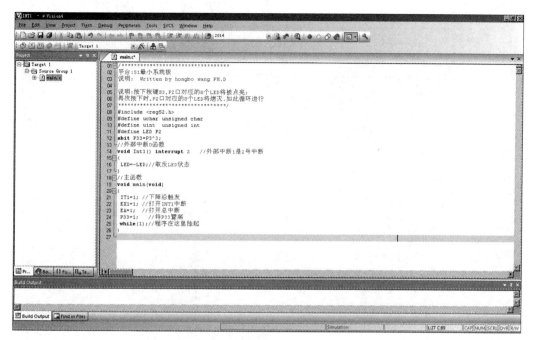

图 2-44 编辑输入 main.c 的界面

编译链接工程,形成十六进制下载文件,如图 2-45 所示。

图 2-45 编译链接工程,形成十六进制下载文件

下载十六进制程序烧录到单片机,如图 2-46 所示。特别注意选对 CPU 的类型、串口号,下载文件,单击"下载"按钮后,冷启动单片机,耐心等待即可。

案例运行效果,如图 2-47 和图 2-48 所示,按下按键 S3,P2 口对应的 8 个 LED 将被点亮;再次按下 S3 时,P2 口对应的 8 个 LED 将熄灭,如此循环。

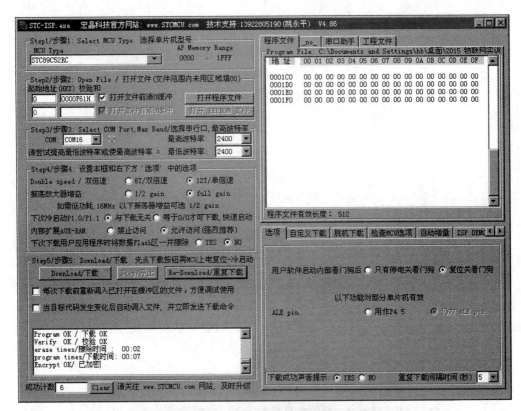

图 2-46　下载十六进制程序烧录到单片机界面

图 2-47　按下按键 S3，P2 口对应的 8 个 LED 将点亮

2.3.3　定时器中断 2

　　本实训项目的主要学习目标是：首先理解单片机 CPU 中断原理，以及如何使用定时器中断 2，进而给出相应的中断响应处理细节。

　　本实训项目重点：识别定时器中断 2；理解定时器中断 2 的工作机制；定时器中断 2 响应处理。

图 2-48　再次按下 S3 时，P2 口对应的 8 个 LED 将熄灭

本实训项目难点：定时器中断 2 初始化的写法；定时器中断 2 的识别。

本实训操作思路如下。

定时器中断 2 相关硬件电路原理图，如图 2-49 和图 2-50 所示。

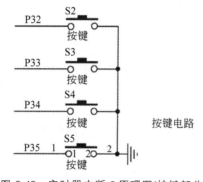

图 2-49　定时器中断 2 原理图(按键部分)

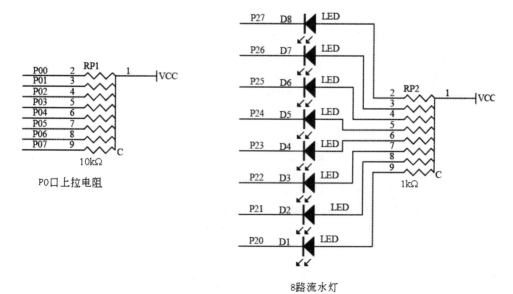

图 2-50　定时器中断 2 总体原理图

建立 Keil 工程文件的步骤同前。

(1) reg52.h 的内容同上。

(2) main.c 的内容如下，输入界面如图 2-51 所示。

```
/*************************************
平台:51最小系统板
说明:   Written by hongbo Wang PH.D
功能说明:每隔一秒钟, P2口对应的8个LED将被点亮;再过一秒钟,P2口对应的8个LED将熄灭
如此循环进行
*************************************/
#include <reg52.h>
#define uchar unsigned char
#define uint   unsigned int
#define LED P2                       //定义LED端口
//定时器中断函数
void Timer2() interrupt 5            //定时器2是5号中断
{
    static uchar t;
    TF2=0;
    t++;
    if(t==16)                        //1秒钟时间到
    {
        t=0;
        LED=~LED;                     //取反LED状态
    }
}
//定时器2初始化
void Init_timer2(void)
{
    RCAP2H=0x0b;                      //赋T2初始值0x0bdc,溢出16次为1秒
    RCAP2L=0xdc;
    TR2=1;                            //启动定时器2
    ET2=1;                            //打开定时器2中断
    EA=1;                             //打开总中断
}
//主函数
void main(void)
{
    Init_timer2();                    //初始化定时器2
    while(1);                         //程序在这里挂起
}
```

图 2-51　编辑输入 main.c 的界面

编译链接工程,形成十六进制下载文件,如图 2-52 所示。

图 2-52　编译链接工程,存储成十六进制下载文件

下载十六进制程序单片机,步骤同上。特别注意选对 CPU 的类型、串口号,下载文件,单击"下载"按钮后,冷启动单片机,耐心等待即可。

案例运行效果,如图 2-53 和图 2-54 所示,每隔一秒,P2 口对应的 8 个 LED 将被点亮;再过一秒,P2 口对应的 8 个 LED 将熄灭。

图 2-53　每隔一秒钟,P2 口对应的 8 个 LED 将被点亮

图 2-54　再过一秒钟,P2 口对应的 8 个 LED 将熄灭

2.4　物联网作品常用的液晶数据显示

物联网作品常用的液晶显示器以其微功耗、体积小、显示内容丰富、超薄轻巧等诸多优点,在袖珍式仪表和低功耗应用系统中得到越来越广泛的应用。

2.4.1　LCD1602 操作

本实训案例介绍的字符型液晶模块是一种用 5×7 点阵图形来显示字符的液晶显示器,如图 2-55 和图 2-56 所示,根据显示的容量可以分为 1 行 16 个字、2 行 16 个字、2 行 20 个字等,这里以常用的 2 行 16 个字的 LCD1602 来介绍其编程方法。

本节项目重点是掌握 LCD1602 的技术参数及引脚接口说明。

LCD1602 的技术参数及引脚接口说明,分别如表 2-1 和表 2-2 所示。

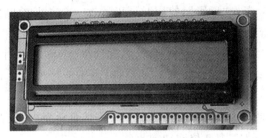

图 2-55　LCD1602(正面)

图 2-56　LCD1602(背面)

表 2-1　LCD1602 的技术参数

显示容量	16×2 个字符
芯片工作电压	4.5～5.5V
工作电流	2.0mA(5.0V)
模块最佳工作电压	5.0V
字符尺寸	2.95mm×4.35mm

表 2-2　LCD1602 的引脚接口说明

编号	符号	引脚说明	编号	符号	引脚说明
1	VSS	电源地	9	D2	数据 I/O
2	VDD	电源正极	10	D3	数据 I/O
3	VL	液晶显示偏压信号	11	D4	数据 I/O
4	RS	数据/命令选择端(H/L)	12	D5	数据 I/O
5	RW	读/写选择端(H/L)	13	D6	数据 I/O
6	E	使能信号	14	D7	数据 I/O
7	D0	数据 I/O	15	BLA	背光源正极
8	D1	数据 I/O	16	BLK	背光源负极

如表 2-2,LCD1602 采用标准的 16 脚接口,其中:

第 1 引脚:VSS 为地电源。

第 2 引脚:VDD 接 5V 正电源。

第 3 引脚:V0 为液晶显示器对比度调整端,接正电源时对比度最弱,接地电源时对比度最高,对比度过高时会产生"鬼影",使用时可以通过一个 10k 的电位器调整对比度。

第 4 引脚:RS 为寄存器选择,高电平时选择数据寄存器、低电平时选择指令寄存器。

第 5 引脚:RW 为读写信号线,高电平时进行读操作,低电平时进行写操作。当 RS 和 RW 共同为低电平时可以写入指令或者显示地址,当 RS 为低电平 RW 为高电平时可以读忙信号,当 RS 为高电平 RW 为低电平时可以写入数据。

第 6 引脚:E 端为使能端,当 E 端由高电平跳变成低电平时,液晶模块执行命令。

第 7～14 引脚:D0～D7 为 8 位双向数据线。

第 15～16 引脚:空脚。

项目难点:键盘控制,中断调用,理解 LCD1602 模块的工作原理。

操作思路如下。

熟悉和掌握 LCD1602 模块的工作原理:LCD1602 模块内部的字符发生存储器 (CGROM)已经存储了 160 个不同的点阵字符图形,如表 2-3 所示,这些字符有阿拉伯数字、英文字母的大小写、常用的符号、日文假名等,每一个字符都有一个固定的代码,比如大写的英文字母 A 的代码是 01000001B(41H),显示时模块把地址 41H 中的点阵字符图形显示出来,就能看到字母 A。

LCD1602 模块内部的控制器共有 11 条控制指令,如表 2-3 所示。

表 2-3　LCD1602 模块内部的控制器的 11 条控制指令

指　　令	RS	R/W	D7	D6	D5	D4	D3	D2	D1	D0
清显示	0	0	0	0	0	0	0	0	0	1
光标返回	0	0	0	0	0	0	0	0	1	*
置输入模式	0	0	0	0	0	0	0	1	1/D	S
显示开/关控制	0	0	0	0	0	0	1	D	C	B
光标或字符移位	0	0	0	0	0	1	S/C	R/L	*	*
置功能	0	0	0	0	1	DL	N	F	*	*
置字符发生存储器地址	0	0	0	1	字符发生存储器地址(AGG)					
置数据存储器地址	0	0	1	显示数据存储器地址(ADD)						
读忙标志或地址	0	1	BF	计数器地址(AC)						
写数到 CGRAM 或 DDRAM	1	0	要写的数据							
从 CGRAM 或 DDRAM 读数	1	1	读出的数据							

它的读写操作、屏幕和光标的操作都是通过指令编程来实现的(其中 1 为高电平、0 为低电平)。

指令 1:清显示,指令码 01H,光标复位到地址 00H 位置;

指令 2:光标复位,光标返回到地址 00H;

指令 3:光标和显示模式设置 I/D,光标移动方向,高电平右移,低电平左移 S。高电平表示有效,低电平则无效。

指令 4:显示开关控制。D 为控制整体显示的开与关,高电平表示开显示,低电平表示关显示,C 为控制光标的开与关,高电平表示有光标,低电平表示无光标,B 控制光标是否闪烁,高电平闪烁,低电平不闪烁。

指令 5:光标或显示移位 S/C,高电平时移动显示的文字,低电平时移动光标。

指令 6:功能设置命令 DL,高电平时为 4 位总线,低电平时为 8 位总线 N,低电平时显示 5×7 的点阵字符,高电平时显示 5×10 的点阵字符(有些模块是 DL:高电平时为 8 位总线,低电平时为 4 位总线)。

指令 7:字符发生器 RAM 地址设置。

指令 8:DDRAM 地址设置。

指令 9:读忙信号和光标地址 BF,为忙标志位,高电平表示忙,此时模块不能接收命令或者数据,如果为低电平表示不忙。

指令 10:写数据。

指令 11:读数据。

本实训案例中 LCD1602 显示模块可以和 STC89C52RC 接口电路直接,如图 2-57 所示。

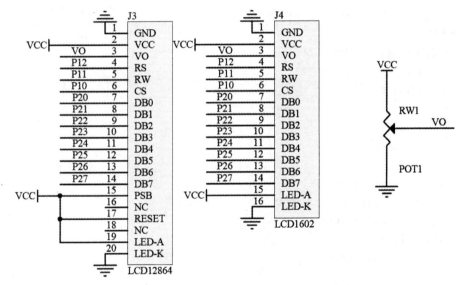

图 2-57　LCD1602 显示模块和 STC89C52RC 接口电路原理图

材料准备。LCD1602 显示模块和 STC89C52RC 接口电路所需要的元器件有:

• 单片机最小系统(可以使用前面章节实训模块中已经焊接好的)。

• USB 供电线一条。

• 串口转 USB 下载线一条。

• LCD1602。

制作步骤如下。

(1) 如图 2-58 所示,连接好硬件,即计算机串口与单片机的相应接口。

(2) 写好所要的程序,具体步骤如下。

(a) 新建工程。

(b) 建立 reg52.h 文件(具体内容同上),并添加到新建工程中。

(c) 输入以下程序,保存文件名为 1602.c,并添加到新建工程中,界面如图 2-59 所示。

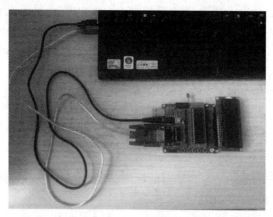

图 2-58　计算机串口与单片机的相应接口连接示意图

```
/***********************************
功能说明：
    开机显示 HELLO WORLD
        Welcome to USTB 字符串
    后逐个字符显示 A~P,0~9
***********************************/
#include <reg52.h>
#include <intrins.h>
#define uchar unsigned char
#define uint unsigned int
uchar code disp1[]="HELLO WORLD";
uchar code disp2[]="Welcome to USTB";
//LCD1602 引脚定义
//采用 8 位并行方式,DB0-DB7 连接至 P20-P27
sbit RS=P1^2;
sbit RW=P1^1;
sbit CS=P1^0;
#define LCDDATA P2
//功能：延时 1ms
void Delay_xms(uint x)
{
    uint i,j;
    for(i=0;i<x;i++)
    for(j=0;j<122;j++);
}
//功能：12μs 延时
void Delay_xus(uint t)
{
    for(;t>0;t--)
    {
```

```
        nop_();
    }
}
//控制 LCD 写时序
void LCD_en_write(void)
{
    CS=1;                               //EN 端产生一个高电平脉冲,控制 LCD 写时序
    Delay_xus(20);
    CS=0;
    Delay_xus(20);
}


//写入指令函数
void Write_Instruction(uchar command)
{
    RS=0;
    RW=0;
    CS=1;
    LCDDATA=command;
    LCD_en_write();                     //写入指令数据
}


//写入数据函数
void Write_Data(uchar Wdata)
{
    RS=1;
    RW=0;
    CS=1;
    LCDDATA=Wdata;
    LCD_en_write();                     //写入数据
}
//字符显示初始地址设置
void LCD_SET_XY(uchar X,uchar Y)
{
    uchar address;
    if(Y==0)
        address=0x80+X;                 //Y=0,表示在第一行显示,地址基数为 0x80
    else
        address=0xc0+X;                 //Y 非 0 时,表示在第二行显示,地址基数为 0xC0
    Write_Instruction(address);         //写入指令,设置显示初始地址
}


//在第 X 行 Y 列开始显示,指针 * S 所指向的字符串
void LCD_write_str(uchar X,uchar Y,uchar * s)
{
```

```
    LCD_SET_XY(X,Y);                      //设置初始字符显示地址
    while( * s)                           //逐次写入显示字符,直到最后一个字符"/0"
    {
        Write_Data( * s);                 //写入当前字符并显示
        s++;                              //地址指针加 1,指向下一个待写字符
    }
}


//在第 X 行 Y 列开始显示 Wdata 所对应的单个字符
void LCD_write_char(uchar X,uchar Y,uchar Wdata)
{
    LCD_SET_XY(X,Y);                      //写入地址
    Write_Data(Wdata);                    //写入当前字符并显示
}
//清屏函数
void LCD_clear(void)
{
    Write_Instruction(0x01);
    Delay_xms(5);
}
//显示屏初始化函数
void LCD_init(void)
{
    Write_Instruction(0x38);
    Delay_xms(5);
    Write_Instruction(0x38);
    Delay_xms(5);
    Write_Instruction(0x38);

    Write_Instruction(0x08);              //关显示,不显光标,光标不闪烁
    Write_Instruction(0x01);              //清屏
    Delay_xms(5);

    Write_Instruction(0x04);              //写入一字符,整屏显示不移动
    //Write_Instruction(0x05);            //写入一字符,整屏右移
    //Write_Instruction(0x06);            //写入一字符,整屏显示不移动
    //Write_Instruction(0x07);            //写入一字符,整屏左移
    Delay_xms(5);

    //Write_Instruction(0x0B);            //关闭显示(不显示字符,只有背光亮)
    Write_Instruction(0x0C);              //开显示,光标、闪烁都关闭
    //Write_Instruction(0x0D);            //开显示,不显示光标,但光标闪烁
    //Write_Instruction(0x0E);            //开显示,显示光标,但光标不闪烁
    //Write_Instruction(0x0F);            //开显示,光标、闪烁均显示
}
```

```
void main(void)
{
    uchar i;
    Delay_xms(50);                      //等待系统稳定
    LCD_init();                         //LCD 初始化
    LCD_clear();                        //清屏
    LCD_write_str(0,0,disp1);           //显示开机信息
    LCD_write_str(0,1,disp2);
    Delay_xms(2000);                    //保持显示 2s
    LCD_clear();                        //清屏
    for(i=0;i<16;i++)
    {
        LCD_write_char(i,0,0x41+i);     //从第 0 行第 0 个位置开始显示 A~P
        Delay_xms(500);                 //延时 0.5s
    }
    for(i=0;i<16;i++)
    {
        LCD_write_char(i,1,0x30+i%10);  //从第 1 行第 0 个位置开始显示 0~9
        Delay_xms(500);                 //延时 0.5s
    }
    while(1);                           //程序挂起
}
```

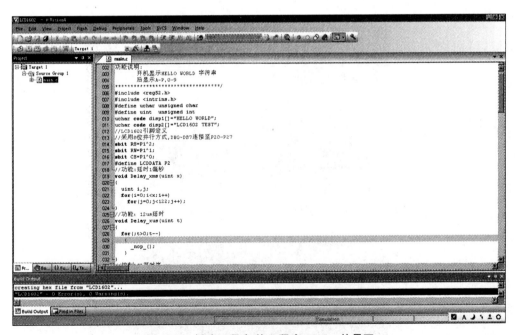

图 2-59   新建工程中,输入程序 1602.c 的界面

（d）编译、下载烧录程序到单片机,如图 2-60 所示。

（e）运行效果,如图 2-61 和图 2-62 所示。

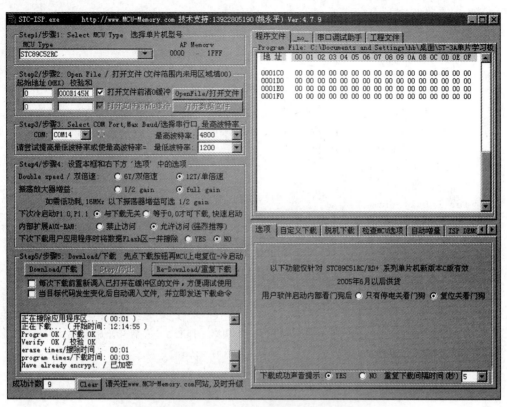

图 2-60　编译、下载烧录程序到单片机

图 2-61　开机显示 HELLO WORLD Welcome to USTB 字符串

图 2-62　逐个字符显示 A～P、0～9

2.4.2 TM12864Z-1 操作

TM12864Z-1 汉字图形点阵液晶显示模块,可显示汉字及图形,内置 8192 个中文汉字(16×16 点阵)、128 个字符(8×16 点阵)及 64×256 点阵显示 RAM(GDRAM)。

外形尺寸,如表 2-4 所示。

表 2-4 TM12864Z-1 汉字图形点阵液晶显示模块的外形尺寸

项 目	尺 寸	单 位
模块体积	93.0×70.0×12.5	mm
视域	72.0×39.0	mm
行列点阵数	128×64	点
点距离	0.52×0.52	mm
点大小	0.48×0.48	mm

图 2-63 TM12864Z-1 汉字图形点阵液晶显示模块的外观

如图 2-63 所示,TM12864Z-1 汉字图形点阵液晶显示模块,主要技术参数和显示特性包括:电源为 VDD 3.3V～+5V(内置升压电路,无须负压);显示内容为 128 列×64 行;显示颜色取黄底黑字,蓝底白字,白底黑字;显示角度为 6∶00 钟直视;LCD 类型是 STN;与 MCU 接口为 8 位或 4 位并行/3 位串行;配置 LED 背光;多种软件功能有光标显示、画面移位、自定义字符、睡眠模式等。

TM12864Z-1 显示模块的引脚,如表 2-5 所示。

表 2-5 TM12864Z-1 汉字图形点阵液晶显示模块的引脚说明

引脚号	引脚名称	方向	功 能 说 明
1	VSS	—	模块的电源地
2	VDD	—	模块的电源正端
3	V0	—	LCD 驱动电压输入端
4	RS(CS)	H/L	并行的指令/数据选择信号;串行的片选信号

引脚号	引脚名称	方向	功能说明
5	R/W(SID)	H/L	并行的读写选择信号;串行的数据口
6	E(CLK)	H/L	并行的使能信号;串行的同步时钟
7	DB0	H/L	数据0
8	DB1	H/L	数据1
9	DB2	H/L	数据2
10	DB3	H/L	数据3
11	DB4	H/L	数据4
12	DB5	H/L	数据5
13	DB6	H/L	数据6
14	DB7	H/L	数据7
15	PSB	H/L	并/串行接口选择,H为并行;L为串行
16	NC		空脚
17	/RET	H/L	复位 低电平有效
18	VOUT	—	正压输出
18	LED_A	—	背光源正极(LED+5V)
20	LED_K	—	背光源负极(LED-0V)

本实训项目难点有：理解 TM12864Z-1 显示模块的工作原理和接口时序。

模块有并行和串行两种连接方法,当按照8位并行连接时序,分别如图 2-64 和图 2-65 所示。

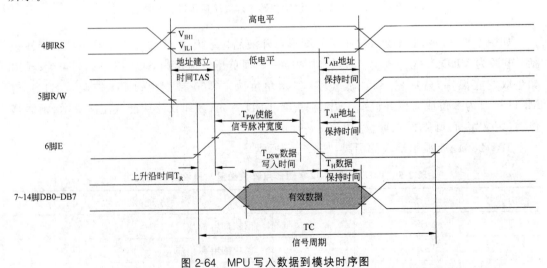

图 2-64　MPU 写入数据到模块时序图

串行连接时序,如图 2-66 所示。

串行数据传送由如下三个字节完成：

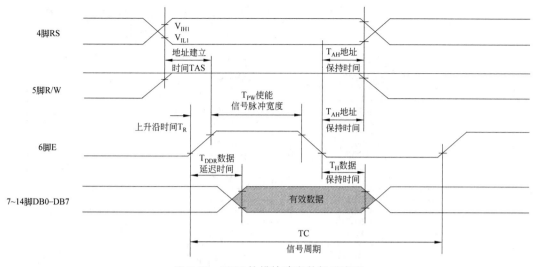

图 2-65　MPU 从模块读出数据时序图

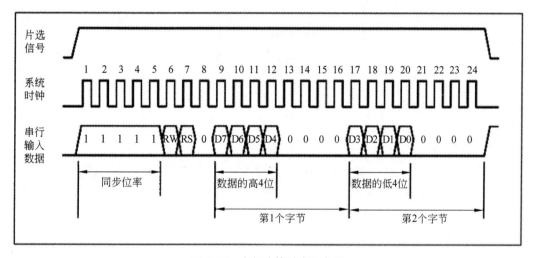

图 2-66　串行连接时序示意图

第一字节：串口控制，格式为 11111ABC。

- A 为数据传送方向控制：H 表示数据从 LCD 到 MCU，L 表示数据从 MCU 到 LCD。
- B 为数据类型选择：H 表示数据是显示数据，L 表示数据是控制指令。
- C 固定为 0。

第二字节：（并行）8 位数据的高 4 位，格式为 DDDD0000。

第三字节：（并行）8 位数据的低 4 位，格式为 0000DDDD。

本实训操作思路如下。

原理图如图 2-67 所示。

材料准备如下。

- 单片机最小系统（前面章节实训模块中已经焊接好的）。
- USB 供电线。
- 串口转 USB 下载线。

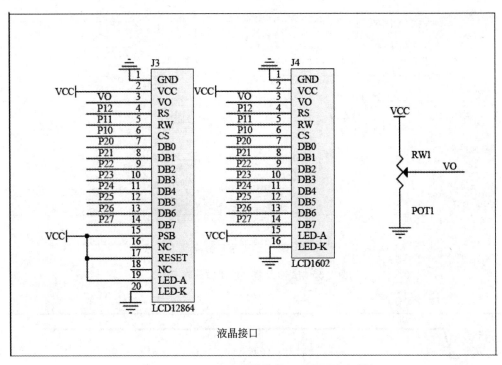

图 2-67　TM12864Z-1 模块的接口示意图（左侧）

• 液晶显示器 TM12864Z-1。

制作步骤如下。

（a）新建工程。

（b）建立 reg52.h 文件（具体内容同上一个实训案例），并添加到新建工程中。

（c）建立 INTRINS.H 文件，并添加到新建工程中。

```
/*--------------------------------------------------------------
INTRINS.H

Intrinsic functions for C51.
-------------------------------------------------------------- */

#ifndef __INTRINS_H__
#define __INTRINS_H__

extern void         _nop_    (void);
extern bit          _testbit_ (bit);
extern unsigned char _cror_  (unsigned char, unsigned char);
extern unsigned int  _iror_  (unsigned int,  unsigned char);
extern unsigned long _lror_  (unsigned long, unsigned char);
extern unsigned char _crol_  (unsigned char, unsigned char);
extern unsigned int  _irol_  (unsigned int,  unsigned char);
extern unsigned long _lrol_  (unsigned long, unsigned char);
extern unsigned char _chkfloat_(float);
```

```
extern void          _push_    (unsigned char _sfr);
extern void          _pop_     (unsigned char _sfr);
#endif
```

(d) 输入以下程序,保存文件名为 12864.c,并添加到新建工程中,如图 2-68 所示。

```c
#include <reg52.h>
#include <intrins.h>
#define uchar unsigned char
#define uint  unsigned int
//12864LCD 引脚定义
#define LCD_data   P2                       //数据口
sbit LCD_RS  =   P1^2;                       //寄存器选择输入
sbit LCD_RW  =   P1^1;                       //液晶读/写控制
sbit LCD_EN  =   P1^0;                       //液晶使能控制
//sbit LCD_PSB =   P1^3;                      //串/并方式控制
//sbit LCD_RST =   P1^4;                      //液晶复位端口


#define delayNOP(); {_nop_();_nop_();_nop_();_nop_();};
//--------------------------------------------------------
uchar code   DIS1[] ={"未来物联网研究室"};
uchar code   DIS2[] ={"学习成就未来"};
uchar code   DIS3[] ={"淡泊王子潜心物联"};
uchar code   DIS4[] ={"崇尚实践求实鼎新"};
//--------------------------------------------------------
//ms 延时函数
void Delay_xms(uint x)
{
    uint i,j;
    for(i=0;i<x;i++)
        for(j=0;j<112;j++);
}
/*********************************************************** /
/ *                                                       * /
/ * 写指令数据到 LCD                                        * /
/ * RS=L,RW=L,E=高脉冲,D0-D7=指令码                          * /
/ *                                                       * /
/***********************************************************/
void lcd_wcmd(uchar cmd)
{
    Delay_xms(5);
    LCD_RS =0;
    LCD_RW =0;
    LCD_EN =0;
    _nop_();
    _nop_();
```

77

```
        LCD_data = cmd;
        delayNOP();
        LCD_EN = 1;
        delayNOP();
        LCD_EN = 0;
    }
/********************************************************/
/*                                                    */
/* 写显示数据到 LCD                                    */
/* RS=H,RW=L,E=高脉冲,D0-D7=数据。                    */
/*                                                    */
/********************************************************/
void lcd_wdat(uchar dat)
{
    Delay_xms(5);
    LCD_RS = 1;
    LCD_RW = 0;
    LCD_EN = 0;
    LCD_data = dat;
    delayNOP();
    LCD_EN = 1;
    delayNOP();
    LCD_EN = 0;
}
/********************************************************/
/*                                                    */
/*   LCD 初始化设定                                    */
/*                                                    */
/********************************************************/
void lcd_init()
{
    //   LCD_PSB = 1;                              //并口方式
    //   LCD_RST = 0;                              //液晶复位
    Delay_xms(3);
    //   LCD_RST = 1;
    Delay_xms(3);

    lcd_wcmd(0x34);                                //扩充指令操作
    Delay_xms(5);
    lcd_wcmd(0x30);                                //基本指令操作
    Delay_xms(5);
    lcd_wcmd(0x0C);                                //显示开,关光标
    Delay_xms(5);
    lcd_wcmd(0x01);                                //清除 LCD 的显示内容
    Delay_xms(5);
```

```
}
/*************************************** */
/*                                    * /
/* 设定显示位置                         * /
/*                                    * /
/*************************************** /
void lcd_pos(uchar X,uchar Y)
{
    uchar  pos;
    if (X==1)
        {X=0x80;}
    else if (X==2)
        {X=0x90;}
        else if (X==3)
            {X=0x88;}
            else if (X==4)
                {X=0x98;}
    pos =X+Y ;
    lcd_wcmd(pos);                        //显示地址
}
/***********************************************
*                                    *
* 闪烁函数                             *
*                                    *
***********************************************/
void lcdflag()
{
    lcd_wcmd(0x08);
    Delay_xms(400);
    lcd_wcmd(0x0c);
    Delay_xms(400);
    lcd_wcmd(0x08);
    Delay_xms(400);
    lcd_wcmd(0x0c);
    Delay_xms(400);
    lcd_wcmd(0x08);
    Delay_xms(200);
    lcd_wcmd(0x0c);
    Delay_xms(5);
    lcd_wcmd(0x01);
    Delay_xms(5);
}
/***********************************************
*                                    *
* 图形显示                             *
```

```
    *                                              *
    ***********************************************/
    void photodisplay(uchar * bmp)
    {
        uchar i,j;
        lcd_wcmd(0x34);                          //写数据时,关闭图形显示

        for(i=0;i<32;i++)
        {
            lcd_wcmd(0x80+i);                    //先写入水平坐标值
            lcd_wcmd(0x80);                      //写入垂直坐标值
            for(j=0;j<16;j++)                    //再写入两个 8 位元的数据
                lcd_wdat(*bmp++);
            Delay_xms(1);
        }

        for(i=0;i<32;i++)
        {
            lcd_wcmd(0x80+i);
            lcd_wcmd(0x88);
            for(j=0;j<16;j++)
          lcd_wdat(*bmp++);
          Delay_xms(1);
        }
        lcd_wcmd(0x36);                          //写完数据,开始图形显示
    }
    /***********************************************
    *                                              *
    *  清屏函数                                      *
    *                                              *
    ***********************************************/
    void  clr_screen()
    {
        lcd_wcmd(0x34);                          //扩充指令操作
        Delay_xms(5);
        lcd_wcmd(0x30);                          //基本指令操作
        Delay_xms(5);
        lcd_wcmd(0x01);                          //清屏
        Delay_xms(5);
    }
    /*****************************************************
    ; 显示字符表代码
    *****************************************************/
    void  bytecode()
    {
```

```
    uchar  s;
    clr_screen();                           //清屏
    lcd_wcmd(0x80);                         //设置显示位置为第一行
    for(s=0;s<16;s++)
    {
        lcd_wdat(0x30+s);
    }
    lcd_wcmd(0x90);                         //设置显示位置为第二行
    for(s=0;s<16;s++)
    {
        lcd_wdat(0x40+s);
    }
    lcd_wcmd(0x88);                         //设置显示位置为第三行
    for(s=0;s<16;s++)
    {
        lcd_wdat(0x50+s);
    }
    lcd_wcmd(0x98);                         //设置显示位置为第四行
    for(s=0;s<16;s++)
    {
        lcd_wdat(0x60+s);
    }
}
/**************************************************
*                                                 *
*  主函数                                          *
*                                                 *
**************************************************/
void main()
{
    uchar i;
    Delay_xms(100);                         //上电,等待稳定
    lcd_init();                             //初始化 LCD
    while(1)
    {
        lcd_pos(1,0);                       //设置显示位置为第一行
        for(i=0;i<16;i++)
        {
            lcd_wdat(DIS1[i]);
            Delay_xms(30);
        }
        lcd_pos(2,0);                       //设置显示位置为第二行
        for(i=0;i<14;i++)
        {
            lcd_wdat(DIS2[i]);
```

```
        Delay_xms(30);
    }
    lcd_pos(3,0);                              //设置显示位置为第三行
    for(i=0;i<16;i++)
    {
        lcd_wdat(DIS3[i]);
        Delay_xms(30);
    }
    lcd_pos(4,0);                              //设置显示位置为第四行
    for(i=0;i<16;i++)
    {
        lcd_wdat(DIS4[i]);
        Delay_xms(30);
    }
    Delay_xms(1000);
    lcdflag();
    clr_screen();                              //清屏
    photodisplay(Photo1);                      //显示图片
    Delay_xms(2000);
    clr_screen();                              //清屏
    bytecode();                                //显示字符表代码
    Delay_xms(2000);
    clr_screen();
    }
}
/********************************************************/
```

图 2-68　输入程序为 12864.c

编译工程后,下载烧录,运行界面如图 2-69 所示。

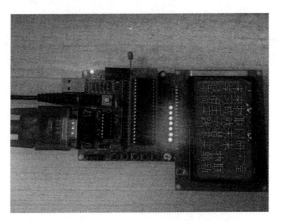

图 2-69 程序下载烧录,运行界面

第 3 章　射频 13.56M 一卡通门禁系统实训

洞洞板是一种通用设计的电路板,通常其上布满标准 IC 间距(2.54mm)的圆型独立的焊盘,看起来整个板子上都是小孔,又称为"万能电路实验板"。相比专业的印刷电路板,洞洞板具有成本低、使用方便、扩展灵活等特点。

3.1　洞板飞线焊接的基础知识

学习目标:熟悉理解洞洞板的基础知识,学习洞洞板的选择原则及使用焊接技巧。

项目重点是洞洞板的选择及使用。

本项目难点是焊接前的准备、洞洞板的焊接方法、洞洞板的焊接技巧。

3.1.1　洞板飞线基础知识

洞洞板主要有两种,一种焊盘各自独立(图 3-1,以下简称单孔板),另一种是多个焊盘连在一起(图 3-2,以下简称连孔板)。

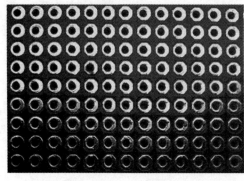

图 3-1　单孔板

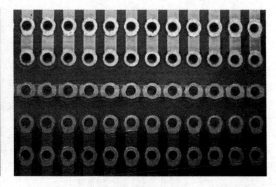

图 3-2　连孔板

单孔板又分为单面板和双面板两种。单孔板较适合数字电路和单片机电路,连孔板则更适合模拟电路和分立电路。因为数字电路和单片机电路以芯片为主,电路较规则;而模拟电路和分立电路往往较不规则,分立元件的引脚常常需要连接多根线,这时如果有多个焊盘连在一起就要方便一些。

洞洞板有两种不同材质:铜板和锡板。铜板的焊盘是裸露的铜,呈现金黄色,平时应该用报纸包好保存以防止焊盘氧化,万一焊盘氧化了(焊盘失去光泽、不好上锡),可以用棉棒蘸酒精清洗或用橡皮擦拭。焊盘表面镀了一层锡的是锡板,焊盘呈现银白色,锡板的基板材质要比铜板坚硬,不易变形。

1. 焊接前的准备

在焊接洞洞板之前需要准备足够的细导线用于走线。细导线分为单股和多股。单股硬导线可将其弯折成固定形状,剥皮之后还可以当作跳线使用;多股细导线质地柔软,焊接后显得较为杂乱。

洞洞板具有焊盘紧密等特点,这就要求烙铁头有较高的精度,建议使用功率 30W 左右的尖头电烙铁。同样,焊锡丝也不能太粗,建议选择线径为 0.5~0.6mm 的。

2. 洞洞板的焊接方法

对于元器件在洞洞板上的布局,大多数人习惯“顺藤摸瓜”,就是以芯片等关键器件为中心,其他元器件见缝插针的方法。这种方法是边焊接边规划,无序中体现着有序,效率较高。但由于初学者缺乏经验,所以不太适合用这种方法,初学者可以先在纸上做好初步的布局,然后用铅笔画到洞洞板正面(元件面),继而可以将走线也规划出来,方便自己焊接。

对于洞洞板的焊接方法,一般是利用前面提到的细导线进行飞线连接,飞线连接没有太大的技巧,但尽量做到水平和竖直走线,整洁清晰。

3.1.2　洞洞板的焊接技巧

(1) 初步确定电源、地线的布局:电源贯穿电路始终,合理的电源布局对简化电路起到十分关键的作用。某些洞洞板布置有贯穿整块板子的铜箔,应将其用作电源线和地线;如果无此类铜箔,也需要对电源线、地线的布局有个初步的规划。

(2) 善于利用元器件的引脚:洞洞板的焊接需要大量的跨接、跳线等,不要急于剪断元器件多余的引脚,有时候直接跨接到周围待连接的元器件引脚上会事半功倍。另外,本着节约材料的目的,可以把剪断的元器件引脚收集起来作为跳线用材料。

(3) 善于设置跳线:特别要强调这一点,多设置跳线不仅可以简化连线,而且要美观得多。

(4) 善于利用元器件自身的结构:善于利用元器件自身的结构,可以利用这一特点来简化连线。

(5) 善于利用排针:排针有许多灵活的用法,比如两块板子相连,就可以用排针和排座,排针既起到了两块板子间的机械连接作用又起到电气连接的作用。这一点借鉴了计算机的板卡连接方法。

(6) 在需要的时候隔断铜箔:在使用连孔板的时候,为了充分利用空间,必要时用小刀割断某处铜箔,这样就可以在有限的空间放置更多的元器件。

(7) 充分利用双面板:双面板比较昂贵,既然选择它就应该充分利用它。双面板的每一个焊盘都可以当作过孔,灵活实现正反面电气连接。

(8) 充分利用板上的空间:芯片座里面隐藏元件,既美观又能保护元件。

3.2 射频 13.56M 一卡通门禁系统硬件设计

学习目标：通过一卡通门禁系统硬件设计，实践洞洞板飞线焊接技巧，理解掌握物联网硬件的基本工作原理。

本实训项目重点：一卡通门禁读写器的原理图设计；洞洞板飞线焊接实现基础硬件底板。

项目难点：理解原理图的含义；根据原理图，焊接实现硬件底板；焊接、调试与故障排除技巧。

3.2.1 射频 13.56M 一卡通门禁系统原理图识读

射频 13.56M 一卡通门禁系统硬件原理，分别如图 3-3～图 3-6 所示。

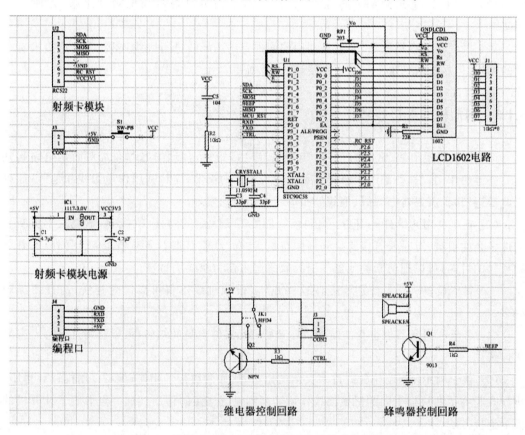

图 3-3 射频 13.56M 一卡通门禁系统硬件总体原理图

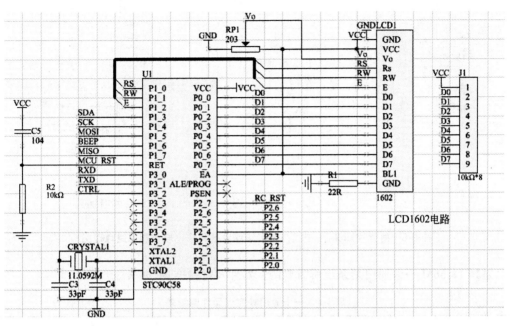

图 3-4 射频 13.56M 一卡通门禁系统 LCD1602 原理图

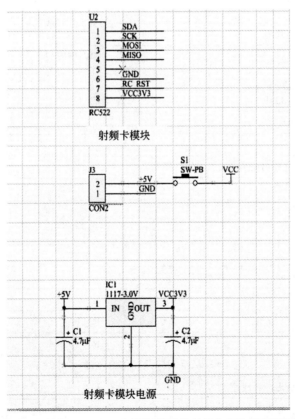

图 3-5 射频 13.56M 一卡通门禁系统射频卡及电源原理图

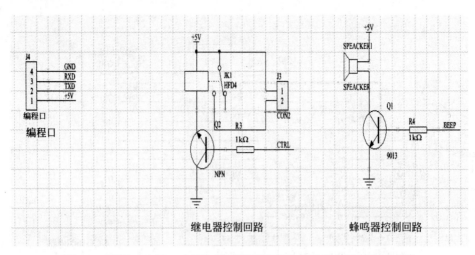

图 3-6 射频 13.56M 一卡通门禁系统继电器和蜂鸣器控制回路原理图

射频 13.56M 一卡通门禁系统所需要的元器件及材料准备,如表 3-1 所示。

表 3-1 一卡通门禁实训元件明细表

规 格 名 称	位　　号	数　　量
洞洞板(9cm×15cm)		1
STC89C52 单片机	U1	1
DIP-40 普通芯片座	U1	1
按键	SW1-SW12	12
自锁开关	S1	1
瓷片电容 104 33pF	C3、C4	2
11.0592M 晶振		1
LCD1602		1
LCD1602 20 孔排针底座	LCD	1
A103G 排阻 1kΩ	J1	1
滑动变阻器 W203		1
电解电容 2A104J	C5	1
S9012 三极管	1	1
S9013 三极管	1	1
电阻 10kΩ	R2	1
电阻 1kΩ	R3、R4	2
电阻 22R	R1	1
RC522 芯片	U2	1
RC522 芯片 8 孔排针底座	U2	
有极性电解电容 4.7μF 50V	C1、C2	
有源蜂鸣器		1
HFD4/5 继电器	J3	1

规 格 名 称	位　号	数　量
直流 5V 电源插孔（内正外负）		1
4 针排针底座	J4	1
2 孔接线座		1
1117-3.0V 稳压器		1
磁力锁		1
12V 变压适配器		1
面包板		1
杜邦线		若干

3.2.2　射频 13.56M 一卡通门禁系统制作步骤

（1）将元器件从试验工具箱中取出，如图 3-7 所示，识别各个元器件，必要时请测量相关参数（如电阻值）。

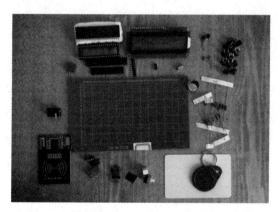

图 3-7　射频 13.56M 一卡通门禁系统元器件

（2）将元器件按照图 3-8 所示进行布局，记好各个元器件的坐标位置，特别是区分正负极性的电容、三极管。

图 3-8　射频 13.56M 一卡通门禁系统元器件布局

（3）按照射频 13.56M 一卡通门禁系统原理图，仔细焊接好每条线，建议用坐标连线法，要有耐心，不能着急，如图 3-9 所示。

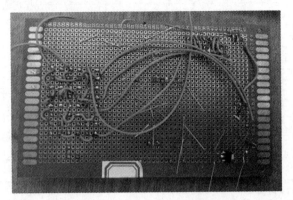

图 3-9　射频 13.56M 一卡通门禁系统焊接过程示意图(背面)

（4）焊接完成，将 CPU 小心插入底座，注意方向，月牙形状底座与 CPU 月牙相一致，如图 3-10 所示。

图 3-10　射频 13.56M 一卡通门禁系统焊接过程示意图(正面)

（5）插上 RS522 芯片和 LCD1602，注意方向，如图 3-11 所示。

图 3-11　RS522 芯片和 LCD1602 的接入操作图

（6）拿出 USB5V 电源线，上电，听见蜂鸣器的声音，按下自锁开关，LCD 出现欢迎界面，如图 3-12 所示。

图 3-12　射频 13.56M 一卡通门禁系统 LCD1602 显示欢迎界面

（7）将钥匙卡放进 RS522 天线附近，听见读卡声音，LCD 显示钥匙卡 ID 号，如图 3-13所示。

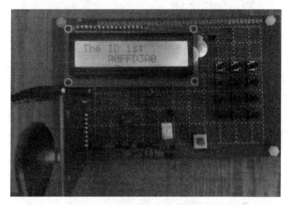

图 3-13　射频 13.56M 一卡通门禁系统钥匙卡读卡界面

（8）将钥匙白卡放进 RS522 天线附近，听见读卡声音，LCD 显示钥匙白卡号，如图 3-14所示。

图 3-14　射频 13.56M 一卡通门禁系统白卡读卡界面

（9）安装小锁芯电路，如图 3-15 和图 3-16 所示。

（10）观察刷钥匙卡及白卡，锁开现象，如图 3-17 和图 3-18 所示。

图 3-15　安装小锁芯电路示意图一

图 3-16　安装小锁芯电路示意图二

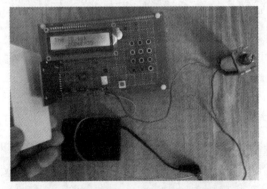

图 3-17　观察刷白卡,锁开操作示意图

图 3-18　观察刷钥匙卡,锁开操作示意图

3.3　射频 13.56M 一卡通门禁系统软件设计

学习目标：通过射频 13.56M 一卡通门禁系统软件设计，实践 Keil μVison 集成开发环境使用技巧，理解掌握物联网软件工程开发的一般步骤。

项目重点：(1)一卡通门禁系统软件工程设计；(2)Keil μVison 集成开发环境使用技巧。

项目难点：(1)理解工程目录的组织结构；(2)物联网软件工程的开发的一般步骤，实现所需功能；(3)Keil μVison 集成开发环境中，注意积累程序调试技巧。

3.3.1　Keil μVison 工程源文件(＊.c)的程序设计

操作思路如下。

Keil μVison 工程的一般目录结构，如图 3-19 所示。

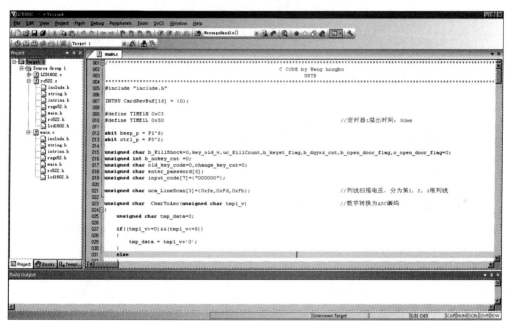

图 3-19　Keil μVison 工程的一般目录结构

(1) main.c 文件如下。

```
/***********
C CODE by Wang hongbo
          ************/
#include "include.h"
INT8U CardRevBuf[16] ={0};
#define TIME1H 0xC3
#define TIME1L 0x50                        //定时器 1 溢出时间:50ms
```

```
sbit beep_p = P1^6;
sbit ctrl_p = P3^2;
unsignedchar b_KillShock=0, key_old_v, uc_KillCount, b_keyst_flag;
unsignedchar b_dqyxz_cnt, b_open_door_flag, c_open_door_flag=0;
unsigned int b_nokey_cnt=0;
unsigned char old_key_code=0, change_key_cnt=0;
unsigned char enter_password[6];
unsigned char input_code[7]={"000000"};
unsigned char uca_LineScan[3]={0xfe,0xFd,0xFb};   //列线扫描电压,分为第 1、2、3 根列线
unsigned char   CharToAsc(unsigned char tmp1_v)    //数字转换为 ASC 编码
{
    unsigned char tmp_data=0;

    if((tmp1_v>=0)&&(tmp1_v<=9))
    {
        tmp_data =tmp1_v+'0';
    }
    else
    {
        tmp_data =(tmp1_v-10)+'A';
    }
    return   tmp_data;
}

void display_id(unsigned char * str)                //显示卡 ID 号
{
    unsigned char i =0;
    unsigned char tmp_v[16]={0};
    unsigned char tmp1_v=0;
    for(i=0;i<4;i++)                                //转成 ASCII 码
    {
        tmp_v[i] =' ';
    }
    for(i=0;i<4;i++)                                //转成 ASCII 码
    {
        tmp1_v =( * (str+i))&0x0f;
        tmp_v[i * 2+1+4] =CharToAsc(tmp1_v);
        tmp1_v =(( * (str+i))>>4);
        tmp_v[i * 2+4] =CharToAsc(tmp1_v);
    }
    for(i=0;i<4;i++)                                //转成 ASCII 码
    {
        tmp_v[i+12] =' ';
    }
    tmp_v[15]='\0';
    GotoXY(0,0);
```

```
    Print("The ID is:        ");
    GotoXY(0,1);
    Print(tmp_v);
}


void Delay1ms(unsigned int count)
{
    unsigned int i,j;
    for(i=0;i<count;i++)
        for(j=0;j<120;j++);
}


//**********************************************************************
unsigned char ucKeyScan()
{
    unsigned char ucTemp=0;                      //扫描状态暂存
    unsigned char ucRow=0,ucLine=0;              //行号,列号
    for(ucLine=0;ucLine<3;ucLine++)              //列扫描
    {
        P2|=0x0e;                                //输出扫描电位
        P2&=uca_LineScan[ucLine];                //输出扫描电位
        ucTemp=P2&0x78;                          //输入扫描电位,并屏蔽高 4 位
        if(ucTemp!=0x78)
        {                                        //判断该列是否有按键按下
            switch(ucTemp)
            {
                case 0x70: ucRow=10;break;       //如果有,则判断行号
                case 0x68: ucRow=20;break;
                case 0x58: ucRow=30;break;
                case 0x38: ucRow=40;break;
                default:   ucRow=50;break;
            }
        break;
        }
    }
//<<<<<<<<<<<<<<<<<<<<恢复键扫描处理前初始状态>>>>>>>>>>>>>>>>>>>>>>>>
    P2|=0x0e;                        //恢复 P2 口
    return ucRow+ucLine+1;           //返回按键编码。格式为 2 位数,高位为行号,低位为列号
}
unsigned char ucGetNum(unsigned char ucKeyCode)        /*获取数字值*/
{
    switch(ucKeyCode)
    {
        case 11:return '1';break;
        case 12:return '2';break;
        case 13:return '3';break;
```

```
            case 21:return '4';break;
            case 22:return '5';break;
            case 23:return '6';break;
            case 31:return '7';break;
            case 32:return '8';break;
            case 33:return '9';break;
            case 42:return '0';break;
            default:break;
        }
        return 0xFF;
}
void vKeyProcess(unsigned char ucKeyCode)
{
    unsigned char tmp_v,i=0;
    if(ucKeyCode ==old_key_code)
    {
        change_key_cnt++;
        if(change_key_cnt <200)
        {
        return;
        }
    }
    else
    {
        change_key_cnt =0;
    }
    if(ucKeyCode==43)                              /*确定键*/
    {
        /*012345作为主人预设密码使用*/
        if((input_code[0] =='0')&& (input_code[1] =='1')&& (input_code[2] ==
            '2')&& (input_code[3] =='3')&& (input_code[4] =='4')&& (input_code
            [5] =='5'))
        {
            GotoXY(0,0);
            Print("The Password is:");
            GotoXY(0,1);
            Print("     ok!     ");
            c_open_door_flag =0x55;
        }
        else
        {
            GotoXY(0,0);
            Print("The Password is:");
            GotoXY(0,1);
            Print("     Error!!     ");
        }
```

```
        }
    else
    {
        if(ucKeyCode==41)                          /* 取消键,取消输入 */
        {
            b_dqyxz_cnt =0;
            for(i=0;i<6;i++)
            {
                input_code[i]='0';
            }
            input_code[6]='\0';

            c_open_door_flag =0;
        }
        else
        {
            tmp_v =ucGetNum(ucKeyCode);            /* 数字按键处理 */
            if(tmp_v !=0xff)
            {
                input_code[b_dqyxz_cnt]=tmp_v;
                if(b_dqyxz_cnt <5)
                {
                    b_dqyxz_cnt++;
                }
            }
        }
        GotoXY(0,0);
        Print("Input The Code:");
        GotoXY(0,1);
        Print("              ");
        GotoXY(4,1);
        Print(input_code);
    }
    old_key_code =ucKeyCode;
}

void init_timer()
{
    TH1=TIME1H;
    TL1=TIME1L;
    TR1=1;                                         //开启定时器 1
    ET1=1;                                         //开定时器 1 中断
}


//*************************************************************************
//***********定时器 1 中断,用于计时功能和防抖动标志清除以及显示报告
```

```
//**************************************************************************
void vTimer1(void) interrupt 3
{
    unsigned char tmp_v;
    if(b_KillShock==0)
    {
        P2 &= 0xf8;
        nop();
        nop();
        tmp_v = P2&0x78;
        if(tmp_v != 0x78)                          //有按键按下
        {
            if(key_old_v != tmp_v)                 //第一次判断有按键按下
            {
                key_old_v = tmp_v;
                uc_KillCount=0;
            }
            else
            {
                uc_KillCount++;
            }
            if(uc_KillCount >= 5)                  //去抖操作
            {
                b_KillShock = 0x01;
            }
        }
    }
    else
    {
        P2 &= 0xf8;
        nop();
        nop();
        tmp_v = P2&0x78;
        if(tmp_v != 0x78)                          //有按键按下
        {
            if(key_old_v != tmp_v)                 //第一次判断有按键按下
            {
                key_old_v = tmp_v;
                uc_KillCount=0;
            }
            else
            {
                uc_KillCount++;
            }
            if(uc_KillCount >= 20)                 //去抖操作
            {
```

```
                b_keyst_flag =0x01;                //去抖后按键有效标识
                b_nokey_cnt =0;
            }
        }
        else
        {
            b_nokey_cnt++;
            if(b_nokey_cnt >=5000)
            {
                b_keyst_flag =0;
                b_KillShock =0;
                b_nokey_cnt =0;
            }
        }
    }
    //恢复定时器 1 溢出时间
    TH1=TIME1H;
    TL1=TIME1L;
}


void init_all(void)
{
    EA =0;
    init_rc522();                          //初始化 rc522 模块
    LCD_Initial();                         //初始化 LCD1602
    init_timer();                          //定时器初始化
    EA =1;
}


char card_charge()
{
    if( PcdRequest( PICC_REQIDL, &CardRevBuf[0] ) !=MI_OK )
    //寻天线区内未进入休眠状态的卡,返回卡片类型 2 字节
    {
        if( PcdRequest( PICC_REQIDL, &CardRevBuf[0] ) !=MI_OK )
        //寻天线区内未进入休眠状态的卡,返回卡片类型 2 字节
        {
            return -1;
        }
    }
    if( PcdAnticoll( &CardRevBuf[2] ) !=MI_OK )    //防冲撞,返回卡的序列号 4 字节
    {
        return -1;
    }
    if( PcdSelect( &CardRevBuf[2] ) !=MI_OK )      //选卡
    {
```

```
            return -1;
        }
        display_id(&CardRevBuf[2]);
        return 0;
    }
    main()
    {
        unsigned int Count = 0;
        unsigned char i = 0;
        unsigned char opdoor_flag = 0;
        unsigned char keycode = 0;
        unsigned char tmp_v[16] = {"Welecom to"};
        unsigned char tmp1_v[16] = {"Smart Pass"};
        init_all();
        beep_p = 0;
        ctrl_p = 1;
        Delay1ms(10);
        GotoXY(0,0);
        Print(tmp_v);
        GotoXY(4,1);
        Print(tmp1_v);
        while(1)
        {
            if(card_charge() == 0)                  /* 刷卡处理 */
            {
                b_open_door_flag = 0x55;            /* 继电器动作标识 */
            }
            else
            {
                b_open_door_flag = 0;
            }
            if(b_open_door_flag != 0)
            {
                beep_p = 1;                         /* 蜂鸣器动作 */
                ctrl_p = 0;                         /* 继电器动作 */
            }
            else                                    /* 无刷卡 */
            {
            if(b_KillShock != 0)                    /* 键显模式 */
            {
                if(b_keyst_flag != 0)
                {
                    vKeyProcess(ucKeyScan());       /* 按键处理 */
                    b_keyst_flag = 0;
                }
                if(c_open_door_flag != 0)           /* 按键输入密码正确 */
```

```
            {
                beep_p = 1;
                ctrl_p = 0;
                Delay1ms(10);
            }
            else
            {
                beep_p = 0;
                ctrl_p = 1;
            }
        }
        else                                    /* 待机界面 */
        {
            b_dqyxz_cnt = 0;
            for(i=0;i<6;i++)                     /* 清输入缓冲 */
            {
                input_code[i]='0';
            }
            input_code[6]='\0';
            GotoXY(0,0);
            Print(tmp_v);
            GotoXY(4,1);
            Print(tmp1_v);
            beep_p = 0;                          /* 清继电器蜂鸣器 */
            ctrl_p = 1;
        }
    }
}
}
```

(2) Lcd1602.c 文件如下。

```
#include "include.h"

//Port Definitions***********************************
sbit LcdRs    = P1^0;
sbit LcdRw    = P1^1;
sbit LcdEn    = P1^2;
sfr  DBPort   = 0x80;                    //P0=0x80,P1=0x90,P2=0xA0,P3=0xB0.数据端口

//向 LCD 写入命令或数据*****************************
#define LCD_COMMAND       0              //Command
#define LCD_DATA          1              //Data
#define LCD_CLEAR_SCREEN  0x01           //清屏
#define LCD_HOMING        0x02           //光标返回原点
```

```
//内部等待函数**************************************************
unsigned char LCD_Wait(void)
{
    LcdRs=0;
    LcdRw=1;   _nop_();
    LcdEn=1;   _nop_();
    DBPort&0x80==0x80
    LcdEn=0;
    return DBPort;
}
void LCD_Write(bit style, unsigned char input)
{
    LcdEn=0;
    LcdRs=style;
    LcdRw=0;     _nop_();
    DBPort=input;  _nop_();              //注意顺序
    LcdEn=1;     _nop_();                //注意顺序
    LcdEn=0;     _nop_();
    LCD_Wait();
}


//设置显示模式**************************************************
#define LCD_SHOW        0x04            //显示开
#define LCD_HIDE        0x00            //显示关
#define LCD_CURSOR      0x02            //显示光标
#define LCD_NO_CURSOR   0x00            //无光标
#define LCD_FLASH       0x01            //光标闪动
#define LCD_NO_FLASH    0x00            //光标不闪动
void LCD_SetDisplay(unsigned char DisplayMode)
{
    LCD_Write(LCD_COMMAND, 0x08|DisplayMode);
}


//设置输入模式**************************************************
#define LCD_AC_UP       0x02
#define LCD_AC_DOWN     0x00            //默认值
#define LCD_MOVE        0x01            //画面可平移
#define LCD_NO_MOVE     0x00            //默认值

void LCD_SetInput(unsigned char InputMode)
{
    LCD_Write(LCD_COMMAND, 0x04|InputMode);
}


//移动光标或屏幕************************************
#define LCD_CURSOR      0x02
```

```c
#define LCD_SCREEN      0x08
#define LCD_LEFT        0x00
#define LCD_RIGHT       0x04
void LCD_Move(unsigned char object, unsigned char direction)
{
    if(object==LCD_CURSOR)
        LCD_Write(LCD_COMMAND,0x10|direction);
    if(object==LCD_SCREEN)
        LCD_Write(LCD_COMMAND,0x18|direction);
}
//初始化 LCD*****************************************
void LCD_Initial()
{
    LcdEn=0;
    LCD_Write(LCD_COMMAND,0x38);         //8 位数据端口,2 行显示,5×7 点阵
    LCD_Write(LCD_COMMAND,0x38);
    LCD_SetDisplay(LCD_SHOW|LCD_NO_CURSOR);       //开启显示,无光标
    LCD_Write(LCD_COMMAND,LCD_CLEAR_SCREEN);      //清屏
    LCD_SetInput(LCD_AC_UP|LCD_NO_MOVE);          //AC 递增,画面不动
}
//*************************************************
void GotoXY(unsigned char x, unsigned char y)
{
    if(y==0)
        LCD_Write(LCD_COMMAND,0x80|x);
    if(y==1)
        LCD_Write(LCD_COMMAND,0x80|(x-0x40));
}
void Print(unsigned char * str)
{
    while(* str!='\0')
    {
        LCD_Write(LCD_DATA,* str);
        str++;
    }
}
```

（3）Rc522.c 文件如下。

```c
/**************   C CODE by Wang hongbo
温馨提示:RC522 支持多种串行模式,此处使用 spi 总线模式
******************/
#include "include.h"
void delay_ns(unsigned int ns)
{
```

```
        unsigned int i;
        for(i=0;i<ns;i++)
        {
            nop();
            nop();
            nop();
        }
    }


    //--------------------------------------------
    //读 SPI 数据
    //--------------------------------------------
    unsigned char SPIReadByte(void)
    {
        unsigned char SPICount;                      //用来打卡数据的计算器
        unsigned char SPIData;
        SPIData =0;
        for (SPICount =0; SPICount <8; SPICount++)
            //准备输入数据
        {
            SPIData <<=1;                            //旋转数据
            CLR_SPI_CK;
            //提高时钟周期以适配数据从 MAX7456 时钟输出
            if(STU_SPI_MISO)
            {
                SPIData|=0x01;
            }
            SET_SPI_CK;                              //重置时钟,为下一位准备
        }                                            //继续循环处理
        return (SPIData);                            //最后返回读取的数据
    }
    //--------------------------------------------
    //写 SPI 数据
    //--------------------------------------------
    void SPIWriteByte(unsigned char SPIData)
    {
        unsigned char SPICount;
        for (SPICount =0; SPICount <8; SPICount++)
        {
            if (SPIData & 0x80)
            {
                SET_SPI_MOSI;
            }
            else
            {
                CLR_SPI_MOSI;
```

```
        }
        nop();nop();
        CLR_SPI_CK;nop();nop();
        SET_SPI_CK;nop();nop();
        SPIData <<=1;
    }
}
```

```
/////////////////////////////////////////////////////////////
//功能:读 RC632 寄存器
//参数说明:Address[IN]:寄存器地址
//返回:读出的值
/////////////////////////////////////////////////////////////
unsigned char ReadRawRC(unsigned char Address)
{
    unsigned char ucAddr;
    unsigned char ucResult=0;
    CLR_SPI_CS;
    ucAddr = ((Address<<1)&0x7E)|0x80;
    SPIWriteByte(ucAddr);
    ucResult=SPIReadByte();
    SET_SPI_CS;
    return ucResult;
}
```

```
/////////////////////////////////////////////////////////////
//功能:写 RC632 寄存器
//参数说明:Address[IN]:寄存器地址
//value[IN]:写入的值
/////////////////////////////////////////////////////////////
void WriteRawRC(unsigned char Address, unsigned char value)
{
    unsigned char ucAddr;
    CLR_SPI_CS;
    ucAddr = ((Address<<1)&0x7E);
    SPIWriteByte(ucAddr);
    SPIWriteByte(value);
    SET_SPI_CS;
}
```

```
/////////////////////////////////////////////////////////////
//功能:清 RC522 寄存器位
//参数说明:reg[IN]:寄存器地址
//mask[IN]:清位值
/////////////////////////////////////////////////////////////
void ClearBitMask(unsigned char reg,unsigned char mask)
```

```
{
    char tmp = 0x00;
    tmp = ReadRawRC(reg);
    WriteRawRC(reg, tmp & ~mask);                     //清除位掩码
}


/////////////////////////////////////////////////////////////////////
//功能:置 RC522 寄存器位
//参数说明:reg[IN]:寄存器地址
//mask[IN]:置位值
/////////////////////////////////////////////////////////////////////
void SetBitMask(unsigned char reg,unsigned char mask)
{
    char tmp = 0x00;
    tmp = ReadRawRC(reg);
    WriteRawRC(reg,tmp | mask);                       //设置位掩码
}
/////////////////////////////////////////////////////////////////////
//用 MF522 计算 CRC16 函数
/////////////////////////////////////////////////////////////////////
void CalulateCRC (unsigned char * pIndata, unsigned char len, unsigned char *
pOutData)
{
    unsigned char i,n;
    ClearBitMask(DivIrqReg, 0x04);                    //清 CRC 处理完成标志
    WriteRawRC(CommandReg, PCD_IDLE);                 //启动唤醒过程
    SetBitMask(FIFOLevelReg, 0x80);                   //清 FIFO
    for (i=0; i<len; i++)
    {
        WriteRawRC(FIFODataReg, * (pIndata+i));//数据写入 FIFO
    }
    WriteRawRC(CommandReg, PCD_CALCCRC);              //激活 CRC 计算
    i = 0xFF;
    do
    {
        n = ReadRawRC(DivIrqReg);                     //等待 CRC 计算完成
        i--;
    }
    while ((i!=0) && !(n&0x04));
    pOutData[0] = ReadRawRC(CRCResultRegL);           //读 CRC 校验低字节
    pOutData[1] = ReadRawRC(CRCResultRegM);           //CRC 校验高字节
}


/////////////////////////////////////////////////////////////////////
//功能:通过 RC522 和 ISO14443 卡通信
//参数说明:Command[IN]:RC522 命令字
```

```
//          pInData[IN]:通过 RC522 发送到卡片的数据
//          InLenByte[IN]:发送数据的字节长度
//          pOutData[OUT]:接收到的卡片返回数据
//          * pOutLenBit[OUT]:返回数据的位长度
/////////////////////////////////////////////////////////////////
int PcdComMF522(unsigned char Command,
                unsigned char * pInData,
                unsigned char InLenByte,
                unsigned char * pOutData,
                unsigned int * pOutLenBit)
{
    int status =MI_ERR;
    unsigned char irqEn   = 0x00;
    unsigned char waitFor = 0x00;
    unsigned char lastBits;
    unsigned char n;
    unsigned int i;
    switch (Command)
    {
        case PCD_AUTHENT:                   //验证密钥
            irqEn   = 0x12;                 //允许空闲终端,允许错误中断
            waitFor = 0x10;                 //中断标志位,命令自身终止,即命令执行完成
            break;
        case PCD_TRANSCEIVE:                //发送并接收数据
            irqEn   = 0x77;                 //允许数据接收发送空闲错误及定时器中断
            waitFor = 0x30;                 //命令自身终止或一个有效的数据流结束
            break;
        default:
            break;
    }

    WriteRawRC(ComIEnReg,irqEn|0x80);       //IRQ 中断取反
    ClearBitMask(ComIrqReg,0x80);           //中断屏蔽位全清 0
    WriteRawRC(CommandReg, PCD_IDLE);       //取消当前命令
    SetBitMask(FIFOLevelReg,0x80);          //清 FIFO
    for (i=0; i<InLenByte; i++)
    {
        WriteRawRC(FIFODataReg, pInData[i]);    //数据写入 FIFO
    }
    WriteRawRC(CommandReg, Command);            //要执行的命令
    if (Command ==PCD_TRANSCEIVE)               //如果命令为发送接收数据
    {
        SetBitMask(BitFramingReg,0x80);         //启动数据发送
    }
    i = 4000;
    do
```

107

```
{
    n =ReadRawRC(ComIrqReg);                    //读中断寄存器
    i--;
}
while ((i!=0) && !(n&0x01) && !(n&waitFor));    //判断命令数据发送成功或超时
ClearBitMask(BitFramingReg,0x80);               //停止发送
if (i!=0)
{
    if(!(ReadRawRC(ErrorReg) &0x1B))
    //没有错误(FIFO满,位冲突错误,奇偶校验错误,或者协议错误)
    {
        status =MI_OK;                          //置状态 OK
        if (n & irqEn & 0x01)                   //超时
        {
            status =MI_NOTAGERR;
        }
        if (Command ==PCD_TRANSCEIVE)           //如果命令是发送接收数据
        {
            n =ReadRawRC(FIFOLevelReg);         //FIFO 中保存的字节数
            lastBits =ReadRawRC(ControlReg) & 0x07;
            //最后接收到的字节有效位
            if (lastBits)                       //如果不是整个字节有效
            {
                * pOutLenBit =(n-1) * 8 +lastBits;
            }
            else                                //最后一字节为整个字节有效
            {
                * pOutLenBit =n * 8;
            }
            if (n ==0)
            {
                n =1;
            }
            if (n >MAXRLEN)                      //设定最大传输为 18 个字节
            {
                n =MAXRLEN;
            }
            for (i=0; i<n; i++)
            {
                pOutData[i] =ReadRawRC(FIFODataReg);
                                                //读出数据
            }
        }
    }
    else
    {
```

```
        status =MI_ERR;                          //状态为错误
    }
}
SetBitMask(ControlReg,0x80);                      //停止计时器
WriteRawRC(CommandReg,PCD_IDLE);                  //取消当前命令
return status;
}


/////////////////////////////////////////////////////////////////
//功能:寻卡
//参数说明: req_code[IN]:寻卡方式
//              0x52 =寻感应区内所有符合 14443A 标准的卡
//              0x26 =寻未进入休眠状态的卡
//              pTagType[OUT]:卡片类型代码
//              0x4400 =Mifare_UltraLight
//              0x0400 =Mifare_One(S50)
//              0x0200 =Mifare_One(S70)
//              0x0800 =Mifare_Pro(X)
//              0x4403 =Mifare_DESFire
//返回: 成功返回 MI_OK
/////////////////////////////////////////////////////////////////
char PcdRequest(unsigned char req_code,unsigned char * pTagType)
{
    char status;
    unsigned int unLen;
    unsigned char ucComMF522Buf[MAXRLEN]={0};
    ClearBitMask(Status2Reg,0x08);                //清 0 读卡成功标志
    WriteRawRC(BitFramingReg,0x07);               //最后一字节发送 7 位
    SetBitMask(TxControlReg,0x03);                //TX1 TX2 使能发射
    ucComMF522Buf[0] =req_code;                    //寻卡方式
    status =PcdComMF522(PCD_TRANSCEIVE,ucComMF522Buf,1,ucComMF522Buf,&unLen);
    //通过 RC522 与 IC 卡命令传输//数据发送与接收,发送数据内容为寻卡方式
    if ((status ==MI_OK) && (unLen ==0x10))
    //数据传输成功,回应数据长度为 16 个字节
    {
        * pTagType     =ucComMF522Buf[0];         //回应数据为卡片类型代码
        * (pTagType+1) =ucComMF522Buf[1];
    }
    else
    {
        status =MI_ERR;
    }
    return status;
}


/////////////////////////////////////////////////////////////////
```

```
//功能:防冲撞
//参数说明: pSnr[OUT]:卡片序列号,4 字节
//返回: 成功返回 MI_OK
//////////////////////////////////////////////////////////////////
char PcdAnticoll(unsigned char * pSnr)
{
    char status;
    unsigned char i,snr_check=0;
    unsigned int unLen;
    unsigned char ucComMF522Buf[MAXRLEN]={0};
    ClearBitMask(Status2Reg,0x08);                  //清 0 读卡成功标志
    WriteRawRC(BitFramingReg,0x00);                 //最后一个字节全部位都发送
    ClearBitMask(CollReg,0x80);                      //RF 所有接收的位在冲突后将清除
    ucComMF522Buf[0] = PICC_ANTICOLL1;              //防冲撞
    ucComMF522Buf[1] = 0x20;
    status = PcdComMF522(PCD_TRANSCEIVE,ucComMF522Buf,2,ucComMF522Buf,&unLen);
                                                    //RF 发送数据
    if (status ==MI_OK)
    {
        for (i=0; i<4; i++)
        {
            * (pSnr+i)  =ucComMF522Buf[i];
            snr_check ^=ucComMF522Buf[i];
        }
        if (snr_check !=ucComMF522Buf[i])
        {
            status =MI_ERR;
        }
    }
    SetBitMask(CollReg,0x80);                        //置去除冲突清除功能标志位
    return status;
}
//////////////////////////////////////////////////////////////////
//功能:选定卡片
//参数说明: pSnr[IN]:卡片序列号,4 字节
//返回: 成功返回 MI_OK
//////////////////////////////////////////////////////////////////
char PcdSelect(unsigned char * pSnr)
{
    char status;
    unsigned char i;
    unsigned int unLen;
    unsigned char ucComMF522Buf[MAXRLEN]={0};

    ucComMF522Buf[0] = PICC_ANTICOLL1;              //防冲突
    ucComMF522Buf[1] = 0x70;
```

```
    ucComMF522Buf[6] = 0;
    for (i=0; i<4; i++)
    {
        ucComMF522Buf[i+2] = * (pSnr+i);
        ucComMF522Buf[6]   ^= * (pSnr+i);
    }
    CalulateCRC(ucComMF522Buf,7,&ucComMF522Buf[7]);   //计算校验

    ClearBitMask(Status2Reg,0x08);                        //执行标志位
    //与 PCD 卡发送并接收数据,发送卡片序列号等带 CRC 校验
    status = PcdComMF522(PCD_TRANSCEIVE,ucComMF522Buf,9,ucComMF522Buf,&unLen);
    if ((status ==MI_OK) && (unLen ==0x18))               //返回数据长度为 0x18
    {
        status =MI_OK;
    }
    else
    {
        status =MI_ERR;
    }
    return status;
}


//////////////////////////////////////////////////////////////////
//功能:验证卡片密码
//参数说明: auth_mode[IN]:密码验证模式
//         0x60 =验证 A 密钥
//         0x61 =验证 B 密钥
//         addr[IN]:块地址
//         pKey[IN]:密码
//         pSnr[IN]:卡片序列号,4 字节
//返回: 成功返回 MI_OK
//////////////////////////////////////////////////////////////////

char PcdAuthState (unsigned char auth_mode, unsigned char addr, unsigned char  *
                pKey,unsigned char * pSnr)
{
    char status;
    unsigned int unLen;
    unsigned char ucComMF522Buf[MAXRLEN]={0};
    ucComMF522Buf[0] =auth_mode;
    ucComMF522Buf[1] =addr;
    memcpy(&ucComMF522Buf[2], pKey, 6);
    memcpy(&ucComMF522Buf[8], pSnr, 6);
    //验证密钥
    status = PcdComMF522(PCD_AUTHENT,ucComMF522Buf,12,ucComMF522Buf,&unLen);
    //判断寄存器是否完成验证标志位
```

```c
        if ((status !=MI_OK) || (!(ReadRawRC(Status2Reg) & 0x08)))
        {
            status =MI_ERR;
        }
        return status;
}


/////////////////////////////////////////////////////////////////////
//功能:读取 M1 卡一块数据
//参数说明: addr[IN]:块地址
//          pData[OUT]:读出的数据,16字节
//返回: 成功返回 MI_OK
/////////////////////////////////////////////////////////////////////
char PcdRead(unsigned char addr,unsigned char * pData)
{
    char status;
    unsigned int unLen;
    unsigned char ucComMF522Buf[MAXRLEN];
    ucComMF522Buf[0] =PICC_READ;                         //读块
    ucComMF522Buf[1] =addr;
    CalulateCRC(ucComMF522Buf,2,&ucComMF522Buf[2]);   //组帧,CRC校验
    status =PcdComMF522(PCD_TRANSCEIVE,ucComMF522Buf,4,ucComMF522Buf,&unLen);
    //对卡发送命令
    if ((status ==MI_OK) && (unLen ==0x90))
    {
        memcpy(pData, ucComMF522Buf, 16);
    }
    else
    {
        status =MI_ERR;
    }
    return status;
}


/////////////////////////////////////////////////////////////////////
//功能:写数据到 M1 卡一块
//参数说明: addr[IN]:块地址
//          pData[IN]:写入的数据,16字节
//返回: 成功返回 MI_OK
/////////////////////////////////////////////////////////////////////

char PcdWrite(unsigned char addr,unsigned char * pData)
{
    char status;
    unsigned int unLen;
    unsigned char ucComMF522Buf[MAXRLEN];
```

```
    ucComMF522Buf[0] = PICC_WRITE;                              //写块
    ucComMF522Buf[1] = addr;
    CalulateCRC(ucComMF522Buf, 2, &ucComMF522Buf[2]);
    status = PcdComMF522(PCD_TRANSCEIVE, ucComMF522Buf, 4, ucComMF522Buf, &unLen);

    //先发送写块命令
    if ((status != MI_OK) || (unLen != 4) || ((ucComMF522Buf[0] & 0x0F) != 0x0A))
    {
        status = MI_ERR;
    }

    if (status == MI_OK)
    {                                                           //然后发送数据
        memcpy(ucComMF522Buf, pData, 16);
        CalulateCRC(ucComMF522Buf, 16, &ucComMF522Buf[16]);
        status = PcdComMF522(PCD_TRANSCEIVE, ucComMF522Buf, 18, ucComMF522Buf, &unLen);
        if ((status != MI_OK) || (unLen != 4) || ((ucComMF522Buf[0] & 0x0F) != 0x0A))
        {
            status = MI_ERR;
        }
    }
    return status;
}


///////////////////////////////////////////////////////////////////
//功能:命令卡片进入休眠状态
//返回: 成功返回 MI_OK
///////////////////////////////////////////////////////////////////
char PcdHalt(void)
{
    char status;
    unsigned int unLen;
    unsigned char ucComMF522Buf[MAXRLEN];
    ucComMF522Buf[0] = PICC_HALT;                               //休眠
    ucComMF522Buf[1] = 0;
    CalulateCRC(ucComMF522Buf, 2, &ucComMF522Buf[2]);
    status = PcdComMF522(PCD_TRANSCEIVE, ucComMF522Buf, 4, ucComMF522Buf, &unLen);
    return MI_OK;
}


///////////////////////////////////////////////////////////////////
//功能:复位 RC522
//返回: 成功返回 MI_OK
///////////////////////////////////////////////////////////////////
char PcdReset(void)
{
```

```
        unsigned char i=0,j=0,k=0;
        unsigned char tmp_v[7]={0};
        unsigned char len=0;

        SET_RC522RST;
        delay_ns(1000);
        CLR_RC522RST;
        delay_ns(1000);
        SET_RC522RST;
        delay_ns(1000);
        WriteRawRC(CommandReg,PCD_RESETPHASE);   //命令寄存器复位
        delay_ns(100);
        WriteRawRC(ModeReg,0x3D);                        //和 Mifare 卡通信,CRC 初始值 0x6363
        {
            delay_ns(200);
            i=ReadRawRC(ModeReg);
        }
        delay_ns(100);
        WriteRawRC(TReloadRegL,200);                    //十六位定时器的重载值
        j=ReadRawRC(TReloadRegL);
        WriteRawRC(TReloadRegH,200);
        k=ReadRawRC(TReloadRegH);
        WriteRawRC(TModeReg,0x8D);                        //发送数据结束自动启动定时器,预分频器设置
        len=ReadRawRC(TModeReg);
        WriteRawRC(TPrescalerReg,0x3E);
        WriteRawRC(TxAutoReg,0x40);                        //天线驱动器 TX1 使能
        return MI_OK;
    }
////////////////////////////////////////////////////////////////
//设置 RC632 的工作方式
////////////////////////////////////////////////////////////////
char M500PcdConfigISOType(unsigned char type)
    {
        if (type =='A')
        {
            ClearBitMask(Status2Reg,0x08);
            WriteRawRC(ModeReg,0x3D);
            WriteRawRC(RxSelReg,0x86);
            WriteRawRC(RFCfgReg,0x7F);
            WriteRawRC(TReloadRegL,30);
            WriteRawRC(TReloadRegH,0);
            WriteRawRC(TModeReg,0x8D);
            WriteRawRC(TPrescalerReg,0x3E);
            delay_ns(1000);
            PcdAntennaOn();
        }
```

```
    Else
    {
        return -1;
    }
    return MI_OK;
}


/////////////////////////////////////////////////////////
//开启天线
//每次启动或关闭天险发射之间应至少有 1ms 的间隔
/////////////////////////////////////////////////////////
void PcdAntennaOn(void)
{
    unsigned char i=0;
    i =ReadRawRC(TxControlReg);
    if (!(i & 0x03))
    {
        SetBitMask(TxControlReg, 0x03);      //开启驱动天线 TX1 TX2
    }
}
/////////////////////////////////////////////////////////
//关闭天线
/////////////////////////////////////////////////////////
void PcdAntennaOff(void)
{
    ClearBitMask(TxControlReg, 0x03);
}


void init_rc522(void)
{
    PcdReset();
    PcdAntennaOff();
    PcdAntennaOn();
    M500PcdConfigISOType( 'A' );               //使用 ISO14443_A 规范
}
```

3.3.2　Keil μVison 工程头文件(＊.h)的程序设计

(1) include.h 文件如下。

```
#ifndef  __include_h__
    #define  __include_h__
    #include <string.h>
    #include <intrins.h>
    #include <regx52.h>
```

```
        #include "main.h"
        #include "rc522.h"
        #include "lcd1602.h"
#endif
```

（2）rc522.h 文件如下。

```
#ifndef __rc522_h__
    #define __rc522_h__


    //////////////////////////////////////////////////////////////
    //MF522 命令字
    //////////////////////////////////////////////////////////////
    #define PCD_IDLE              0x00        //取消当前命令
    #define PCD_AUTHENT           0x0E        //验证密钥
    #define PCD_RECEIVE           0x08        //接收数据
    #define PCD_TRANSMIT          0x04        //发送数据
    #define PCD_TRANSCEIVE        0x0C        //发送并接收数据
    #define PCD_RESETPHASE        0x0F        //复位
    #define PCD_CALCCRC           0x03        //CRC 计算


    //////////////////////////////////////////////////////////////
    //Mifare_One 卡片命令字
    //////////////////////////////////////////////////////////////
    #define PICC_REQIDL           0x26        //寻天线区内未进入休眠状态
    #define PICC_REQALL           0x52        //寻天线区内全部卡
    #define PICC_ANTICOLL1        0x93        //防冲撞
    #define PICC_ANTICOLL2        0x95        //防冲撞
    #define PICC_AUTHENT1A        0x60        //验证 A 密钥
    #define PICC_AUTHENT1B        0x61        //验证 B 密钥
    #define PICC_READ             0x30        //读块
    #define PICC_WRITE            0xA0        //写块
    #define PICC_DECREMENT        0xC0        //扣款
    #define PICC_INCREMENT        0xC1        //充值
    #define PICC_RESTORE          0xC2        //调块数据到缓冲区
    #define PICC_TRANSFER         0xB0        //保存缓冲区中数据
    #define PICC_HALT             0x50        //休眠


    //////////////////////////////////////////////////////////////
    //MF522 FIFO 长度定义
    //////////////////////////////////////////////////////////////
    #define DEF_FIFO_LENGTH       64          //FIFO size=64byte
    #define MAXRLEN  18


    //////////////////////////////////////////////////////////////
    //MF522 寄存器定义
    //////////////////////////////////////////////////////////////
```

```
//PAGE 0
#define     RFU00               0x00
#define     CommandReg          0x01
#define     ComIEnReg           0x02
#define     DivlEnReg           0x03
#define     ComIrqReg           0x04
#define     DivIrqReg           0x05
#define     ErrorReg            0x06
#define     Status1Reg          0x07
#define     Status2Reg          0x08
#define     FIFODataReg         0x09
#define     FIFOLevelReg        0x0A
#define     WaterLevelReg       0x0B
#define     ControlReg          0x0C
#define     BitFramingReg       0x0D
#define     CollReg             0x0E
#define     RFU0F               0x0F

#define     RFU10               0x10
#define     ModeReg             0x11
#define     TxModeReg           0x12
#define     RxModeReg           0x13
#define     TxControlReg        0x14
#define     TxAutoReg           0x15
#define     TxSelReg            0x16
#define     RxSelReg            0x17
#define     RxThresholdReg      0x18
#define     DemodReg            0x19
#define     RFU1A               0x1A
#define     RFU1B               0x1B
#define     MifareReg           0x1C
#define     RFU1D               0x1D
#define     RFU1E               0x1E
#define     SerialSpeedReg      0x1F

#define     RFU20               0x20
#define     CRCResultRegM       0x21
#define     CRCResultRegL       0x22
#define     RFU23               0x23
#define     ModWidthReg         0x24
#define     RFU25               0x25
#define     RFCfgReg            0x26
#define     GsNReg              0x27
#define     CWGsCfgReg          0x28
#define     ModGsCfgReg         0x29
#define     TModeReg            0x2A
```

```
#define     TPrescalerReg              0x2B
#define     TReloadRegH                0x2C
#define     TReloadRegL                0x2D
#define     TCounterValueRegH          0x2E
#define     TCounterValueRegL          0x2F

#define     RFU30                      0x30
#define     TestSel1Reg                0x31
#define     TestSel2Reg                0x32
#define     TestPinEnReg               0x33
#define     TestPinValueReg            0x34
#define     TestBusReg                 0x35
#define     AutoTestReg                0x36
#define     VersionReg                 0x37
#define     AnalogTestReg              0x38
#define     TestDAC1Reg                0x39
#define     TestDAC2Reg                0x3A
#define     TestADCReg                 0x3B
#define     RFU3C                      0x3C
#define     RFU3D                      0x3D
#define     RFU3E                      0x3E
#define     RFU3F                      0x3F

/////////////////////////////////////////////////////////////////
//与 MF522 通信时返回的错误代码
/////////////////////////////////////////////////////////////////
#define   MI_OK             0
#define   MI_NOTAGERR       (-1)
#define   MI_ERR            (-2)

sbit   spi_cs=P1^3;
sbit   spi_ck=P1^4;
sbit   spi_mosi=P1^5;
sbit   spi_miso=P1^7;
sbit   spi_rst=P2^7;

#define SET_SPI_CS  spi_cs=1
#define CLR_SPI_CS  spi_cs=0
#define SET_SPI_CK  spi_ck=1
#define CLR_SPI_CK  spi_ck=0
#define SET_SPI_MOSI  spi_mosi=1
#define CLR_SPI_MOSI  spi_mosi=0
#define STU_SPI_MISO  spi_miso
#define SET_RC522RST  spi_rst=1
#define CLR_RC522RST  spi_rst=0
```

```
    extern char PcdReset(void);
    extern char PcdRequest(unsigned char req_code,unsigned char * pTagType);
    extern void PcdAntennaOn(void);
    extern void PcdAntennaOff(void);
    extern char M500PcdConfigISOType(unsigned char type);
    extern char PcdAnticoll(unsigned char * pSnr);
    extern char PcdSelect(unsigned char * pSnr);
    extern char PcdAuthState(unsigned char auth_mode,unsigned char addr,
            unsigned char * pKey,unsigned char * pSnr);
    extern char PcdWrite(unsigned char addr,unsigned char * pData);
    extern char PcdRead(unsigned char addr,unsigned char * pData);
    extern char PcdHalt(void);
    extern void init_rc522(void);
#endif
```

（3）lcd1602.h 文件如下。

```
#ifndef LCD_CHAR_1602_H_
    #define LCD_CHAR_1602_H_
    unsigned char LCD_Wait(void);
    void LCD_Write(bit style, unsigned char input);
    void LCD_SetDisplay(unsigned char DisplayMode);
    void LCD_SetInput(unsigned char InputMode);
    void LCD_Initial();
    void GotoXY(unsigned char x, unsigned char y);
    void Print(unsigned char * str);
#endif
```

（4）main.h 文件如下。

```
#ifndef  __main_h__
    #define  __main_h__

    typedef  unsigned char  BOOLEAN;
    typedef  unsigned char  INT8U;
    typedef  signed char    INT8S;
    typedef  unsigned int  INT16U;
    typedef  signed int    INT16S;
    typedef  unsigned long    INT32U;
    typedef  signed long    INT32S;

    #define  FOSC  18432000L
    #define  BAUD  9600
    #define  FALSE  0
    #define  TRUE  1
    #define  WR    0
    #define  RD    1
```

119

```
#define nop() _nop_()
#define  BIT(n)  (1<<n)

/*******************
UartCmdLen:UartCmd+UartErrCode
UartDataLen:UartDataBuf
*******************/
typedef struct __sUartData
{
    INT8U UartCmdLen;
    INT8U UartDataLen;
    INT16U UartCmd;
    INT8U  UartErrCode;
    INT8U  UartDataBuf[1];
} * psUartData;

#define  LED_NONE    0
#define  LED_LONG    1
#define  LED_200MS   2
#define  LED_80MS    3

#endif
```

3.4 一卡通门禁系统按键功能设计与实现

学习目标：通过一卡通门禁系统按键功能设计，实践 Keil μVison 集成开发环境中，用户按键的使用处理技巧，理解掌握物联网项目键盘输入需求，中断处理及响应程序开发的一般步骤。

项目重点：(1)一卡通门禁系统按键功能设计；(2)理解掌握物联网项目键盘输入需求，中断处理及响应程序开发的一般步骤。

项目难点：(1)捕捉用户按键的使用处理技巧；(2)理解掌握物联网项目键盘输入需求；(3)中断处理及响应程序开发的一般步骤。

3.4.1 一卡通门禁系统按键功能原理图识读

射频 13.56M 一卡通门禁系统硬件原理，分别如图 3-20 和图 3-21 所示。

射频 13.56M 一卡通门禁系统所需要的元器件及材料准备。

3.4.2 一卡通门禁系统按键功能制作步骤

(1) 如图 3-22 所示，将 RS522 由立插入模式，修改为平插入模式。

(2) 连接电路，如图 3-23 所示。

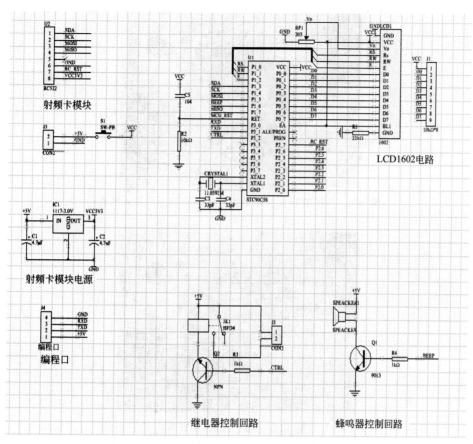

图 3-20　射频 13.56M 一卡通门禁系统硬件原理图

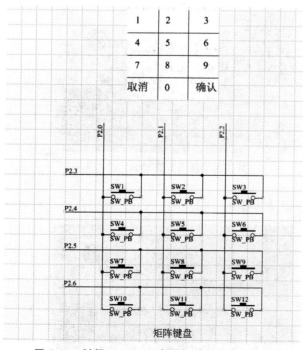

矩阵键盘

图 3-21　射频 13.56M 一卡通门禁系统矩阵键盘原理图

图 3-22　RS522 模块 2 由立插入模式,修改为平插入模式

图 3-23　RS522 的连接电路

（3）输入"0",如图 3-24 所示。

图 3-24　按下 0 键,输入"0"

（4）输入"1",如图 3-25 所示。

图 3-25　按下 1 键,输入"1"

（5）输入"2"，如图 3-26 所示。

图 3-26 按下 2 键，输入 "2"

（6）输入"3"，如图 3-27 所示。

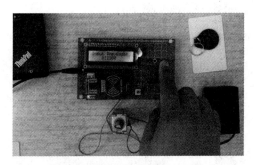

图 3-27 按下 3 键，输入 "3"

（7）输入"4"，如图 3-28 所示。

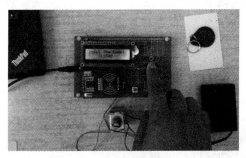

图 3-28 按下 4 键，输入 "4"

（8）输入"5"，如图 3-29 所示。

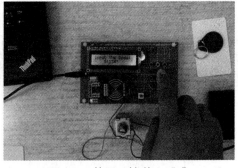

图 3-29 按下 5 键，输入 "5"

（9）按下 OK 键，门禁打开，如图 3-30 所示。

图 3-30　按下 OK 键，门禁打开

（10）刷开，开门禁，如图 3-31 和图 3-32 所示。

图 3-31　刷卡读开锁密码

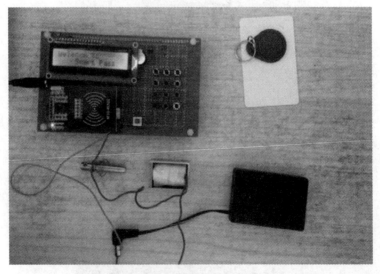

图 3-32　密码正确，锁开

第4章　物联网传感器信息感知与采集

本实训模块包括三个实训项目：物联网传感器信息感知与采集基础硬件设计、物联网温湿度传感器信息采集感知测量仪设计与实现、物联网超声波测距测温传感器信息采集感知测量仪设计与实现，系统深入地学习物联网传感器信息感知与采集的关键技术。

4.1　物联网传感器信息感知与采集系统的基础硬件设计

学习目标：理解物联网传感器信息感知与采集系统的工作原理，在实践中掌握其基础硬件设计技巧，掌握物联网传感器信息感知与采集系统硬件设计的基本步骤。

项目重点：(1)理解物联网传感器信息感知与采集系统的工作原理；(2)物联网传感器信息感知与采集系统硬件设计的基本步骤。

项目难点：(1)物联网传感器信息感知与采集系统的工作原理；(2)物联网常用传感器的硬件封装与接入模式。

4.1.1　物联网传感器信息感知与采集系统原理图识读

物联网传感器信息感知与采集系统硬件原理，分别如图 4-1～图 4-7 所示。

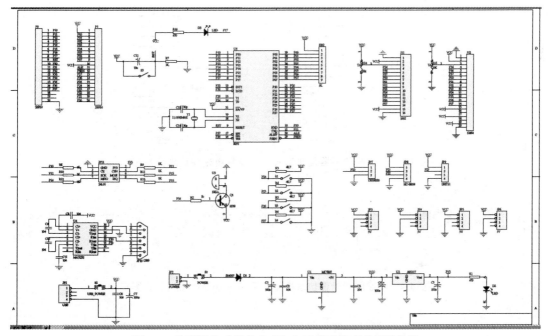

图 4-1　物联网传感器信息感知与采集系统硬件原理总图

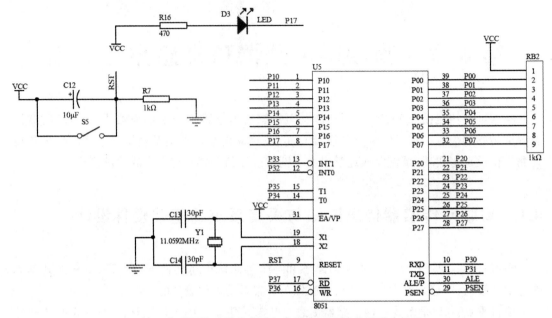

图 4-2　物联网传感器信息感知与采集系统硬件原理分解图一

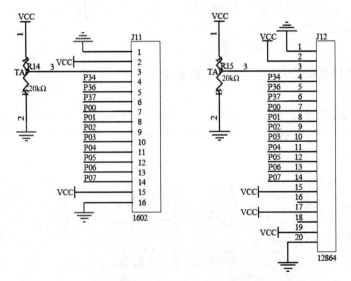

图 4-3　物联网传感器信息感知与采集系统硬件原理分解图二

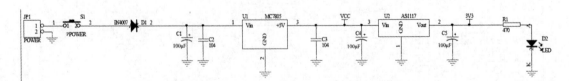

图 4-4　物联网传感器信息感知与采集系统硬件原理分解图三

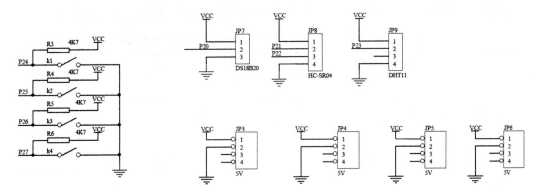

图 4-5 物联网传感器信息感知与采集系统硬件原理分解图四

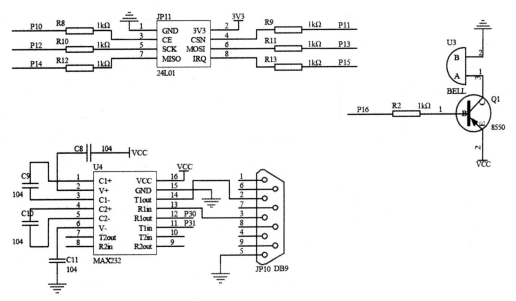

图 4-6 物联网传感器信息感知与采集系统硬件原理分解图五

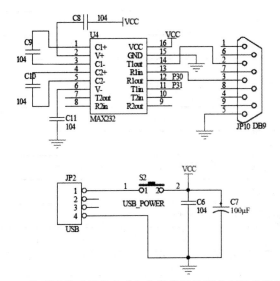

图 4-7 物联网传感器信息感知与采集系统硬件原理分解图六

物联网传感器信息感知与采集系统所需要的元器件及材料准备，如表 4-1 所示。

表 4-1　物联网传感器信息感知与采集系统的实训元件明细表

规 格 名 称	位 号	数 量
PCB 底板		1
STC89C52 单片机	U1	1
DIP-40 普通芯片座	U1	1
按键	SW1-SW12	12
自锁开关	S1	1
瓷片电容 104 33pF	C3、C4	2
11.0592M 晶振		1
LCD1602		1
LCD1602 20 孔排针底座	LCD	1
A103G 排阻 1kΩ	J1	1
滑动变阻器 W203		1
电解电容 2A104J	C5	1
S9012 三极管	1	1
S9013 三极管	1	1
电阻 10kΩ	R2	1
电阻 1kΩ	R3、R4	2
电阻 22R	R1	1
RC522 芯片	U2	1
RC522 芯片 8 孔排针底座	U2	
有极性电解电容 4.7μF 50V	C1、C2	
有源蜂鸣器		1
HFD4/5 继电器	J3	1
直流 5V 电源插孔（内正外负）		1
4 针排针底座	J4	1
2 孔接线座		1
1117-3.0V 稳压器		1
DHT11 温湿度传感器及四引脚露铜底座		1
NRF24L01 及八引脚底座		各1
DS18B20 温度传感器及三引脚露铜底座		各1
超声波传感器		1
电池盒（不含）		2

续表

规 格 名 称	位　　号	数　　量
电池		1
串口转 USB 线		1
USB 供电线		2
杜邦线		若干

物联网传感器信息感知与采集系统元器件实物,如图 4-8 所示。

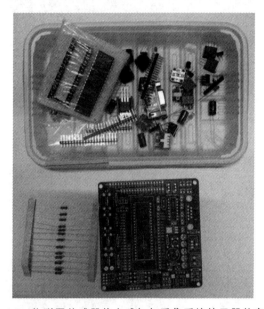

图 4-8　物联网传感器信息感知与采集系统的元器件实物

4.1.2　物联网传感器信息感知与采集系统制作步骤

（1）将元器件从试验工具箱中取出,识别各个元器件,必要时请测量相关参数(如电阻值)。

（2）焊接各个电阻,焊接 1117-3.0V 稳压器,如图 4-9 所示。

（3）焊接电容、排阻、DHT11 温湿度传感器露铜底座(四引脚)、DS18B20 温度传感器三引脚露铜底座、MCU40 引脚底座、MAX232 底座等,如图 4-10 所示。

（4）焊接 LED 灯等,如图 4-11 所示。

（5）焊接按键等,如图 4-12 所示。

（6）焊接 24L01 底座、超声波传感器底座等,如图 4-13 所示。

（7）焊接蜂鸣器、三极管、极性电容、串口、USB、电源接口、MCU 引出排针等,如图 4-14 所示。

（8）焊接滑动变阻器 W103、开关等,如图 4-15 和图 4-16 所示。

（9）焊接其余器件等,如图 4-17 所示。

（10）准备材料,如图 4-19 所示。

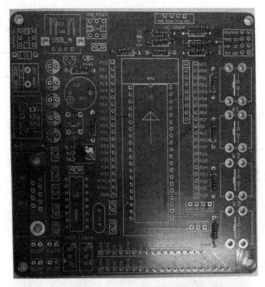

图 4-9　焊接各个电阻,焊接 1117-3.0V 稳压器

图 4-10　焊接电容、排阻、DHT11 温湿度传感器露铜底座(四引脚)、DS18B20 温度传感器等

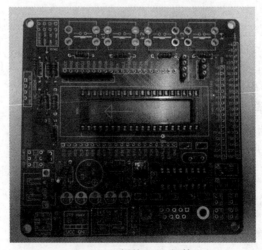

图 4-11　焊接 LED 灯等

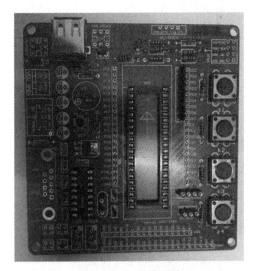

图 4-12   焊接按键等

图 4-13   焊接 24L01 底座、超声波传感器底座等

图 4-14   焊接蜂鸣器、三极管、极性电容、串口、USB、电源接口、MCU 引出排针等

图 4-15　焊接滑动变阻器 W103

图 4-16　焊接开关等

图 4-17　焊接其余器件等

图 4-18 焊接其余器件

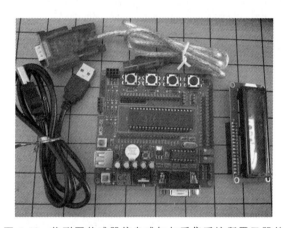

图 4-19 物联网传感器信息感知与采集系统所需元器件

（11）如图 4-20 所示，连接好线路。

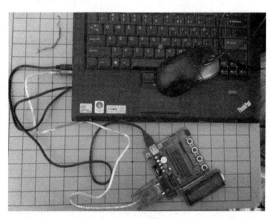

图 4-20 物联网传感器信息感知与采集系统连线

（12）下载程序，看运行效果，如图 4-21 所示。

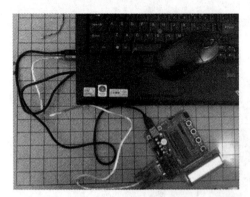

图 4-21　下载程序，系统运行效果

4.1.3　物联网传感器信息感知与采集系统 LCD1602 显示实验程序设计

（1）reg52.h 文件如下。

```c
#include<reg52.h>
#define uchar unsigned char
#define uint unsigned int
uchar code table[]="Welcome to";
uchar code table1[]="Beijing ";
sbit lcden=P3^7;
sbit lcdrw=P3^6;
sbit lcdrs=P3^4;
uchar num;
void delay(uint z)
{
    uint x,y;
    for(x=z;x>0;x--)
    for(y=110;y>0;y--);
}
void write_com(uchar com)          //命令子函数 command
{
    lcdrs=0;                       //接收指令
    P0=com;                        //给 P0 口送指令码
    delay(5);
    lcden=1;                       //E 变为高电平
    delay(5);                      //在此延迟期间,将指令送入
    lcden=0;                       //E 变为低电平,高脉冲结束
}

void write_data(uchar date)        //数据子函数 data
{
    lcdrs=1;                       //接收数据
```

```
    P0=date;                    //给 P0 口送数据
    delay(5);
    lcden=1;                    //E 变为高电平
    delay(5);                   //在此延迟期间,将数据送入
    lcden=0;                    //E 变为低电平,高脉冲结束
}
void init()                     //初始函数
{
    lcdrw=0;
    lcden=0;                    //E 的初始值为低电平,后面的程序给高电平从而满足 E 为高脉冲
    write_com(0x38);            //写入显示模式指令
    write_com(0x0e);            //显示是否打开以及光标的设置
    write_com(0x06);            //地址指针的加减和整屏是否移动
    write_com(0x01);            //清屏指令
    write_com(0x80+0x10);       //显示字符的初始位置
}
```

（2）main.c 文件如下。

```
void main()
{
    init();
    for(num=0;num<11;num++)
    {
        write_data(table[num]);
        delay(20);
    }
    write_com(0x80+0x53);           //起始地址为 53,将字符调到了第二行
    for(num=0;num<13;num++)
    {
        write_data(table1[num]);
        delay(20);
    }
    for(num=0;num<16;num++)         //向左移动 16 行
    {
        write_com(0x18);            //整屏移动(重要指令)
        delay(20);
    }
    while(1);
}
```

4.2　物联网温湿度传感器信息采集感知测量仪设计与实现

　　学习目标：理解物联网温湿度传感器信息采集感知测量仪的工作原理,在实践中掌握
其基础硬件设计与实现技巧,掌握物联网温湿度传感器信息采集感知测量仪软件设计的基

本步骤。

项目重点：(1)理解物联网温湿度传感器信息采集感知测量仪的工作原理；(2)物联网温湿度传感器信息采集感知测量仪软硬件设计的基本步骤。

项目难点：(1)物联网温湿度传感器信息采集感知测量仪的工作原理；(2)物联网温湿度传感器的硬件封装与接入模式。

4.2.1 物联网温湿度传感器信息采集感知测量仪原理图识读

温湿度传感器信息采集感知测量仪硬件原理，分别如图 4-22 和图 4-23 所示。

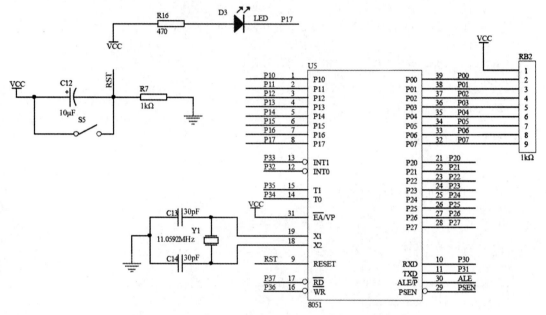

图 4-22 物联网温湿度传感器信息采集感知测量仪原理图

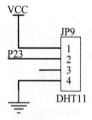

图 4-23 温湿度传感器 DHT11 的引脚连接图

物联网传感器信息感知与采集系统所需要的套件，如图 4-24 所示。

DHT11 数字温湿度传感器是一款含有已校准数字信号输出的温湿度复合传感器，如图 4-25 所示。它应用专用的数字模块采集技术和温湿度传感技术，确保产品具有极高的可靠性与卓越的长期稳定性。传感器包括一个电阻式感湿元件和一个 NTC 测温元件，并与一个高性能 8 位单片机相连接。因此该产品具有品质卓越、超快响应、抗干扰能力强、性价比极高等优点。

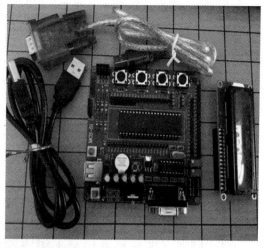

图 2-24　物联网温湿度传感器信息采集感知测量仪的套件

图 4-25　DHT11 数字温湿度传感器

每个 DHT11 传感器都在极为精确的湿度校验室中进行校准。校准系数以程序的形式储存在 OTP 内存中,传感器内部在检测信号的处理过程中要调用这些校准系数。单线制串行接口,使系统集成变得简易快捷。超小的体积、极低的功耗,信号传输距离可达 20m 以上,使其成为各类应用甚至最为苛刻的应用场合的最佳选择。产品为 4 针单排引脚封装。DHT11 数字温湿度传感器连接方便,特殊封装形式可根据用户需求而提供。

DHT11 封装信息,如图 4-26 所示。

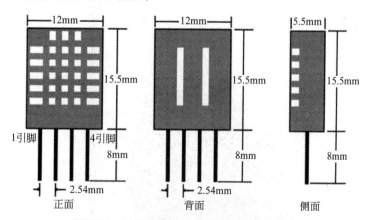

图 4-26　DHT11 数字温湿度传感器封装信息

DHT11 引脚说明,如表 4-2 所示。

表 4-2　DHT11 引脚说明

引脚号	名　称	注　释
1	VDD	供电 3-5.5VDC
2	DATA	串行数据,单总线
3	NC	空脚,请悬空
4	GND	接地,电源负极

DHT11 手动焊接,在最高 260℃ 的温度条件下接触时间须少于 10s。注意事项:

(1) 避免结露情况下使用。

(2) 长期保存条件: 温度 10~40℃,湿度 60% 以下。

4.2.2　物联网温湿度传感器信息采集感知测量仪的制作步骤

(1) 如图 4-27 所示,连接好相关部件。

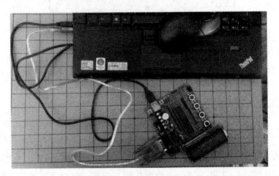

图 4-27　物联网温湿度传感器信息采集感知测量仪的连接示意图

(2) 如图 4-28 所示,将温湿度传感器 DHT11 插入 MegicBox 的主板对应的位置上,注意引脚方向。

图 4-28　物联网温湿度传感器的连接示意图

(3) 打开 Keil 软件,建立新工程,输入 main.c 文件的如下代码:

```c
//湿度 20~90%;温度 0~50℃;采样间隔 1s
#include<reg52.h>
#include<intrins.h>
#define uchar unsigned char
#define uint unsigned int
sbit DQ=P2^3;                              //DTH11 接入的引脚定义
//LCD1602 接入的引脚定义
sbit lcden=P3^7;
sbit lcdrs=P3^4;
sbit lcdrw=P3^6;
sbit BELL=P1^6;
uchar wendu;
uchar shidu;
/////////LCD1602 相关函数定义
void delay1ms(uint z)
{
    uint x,y;
    for(x=z;x>0;x--)
        for(y=114;y>0;y--);
}


void write_com(uchar com)
{
    lcdrs=0;
    P0=com;
    delay1ms(5);
    lcden=1;
    delay1ms(5);
    lcden=0;
}


void write_data(uchar date)
{
    lcdrs=1;
    P0=date;
    delay1ms(5);
    lcden=1;
    delay1ms(5);
    lcden=0;
}
void write_str(uchar * str)
{
    while(* str!='\0')                     //未结束
    {
        write_data(* str++);
```

```
            delay1ms(1);
        }
    }
    void init_1602()
    {
        uchar table[16]={0};
        uchar table1[16]={0};
        lcdrw=0;
        lcden=0;
        write_com(0x38);
        write_com(0x0e);
        write_com(0x06);
        write_com(0x01);
        write_com(0x80);
    }
    /////////  DTH11 相关函数定义
    bit init_DTH11()
    {
        bit flag;
        uchar num;
        DQ=0;
        delay1ms(19);                        //>18ms
        DQ=1;
        for(num=0;num<10;num++);             //20~40μs,34.7μs
        for(num=0;num<12;num++);
        flag=DQ;
        for(num=0;num<11;num++);             //DTH 响应 80μs
        for(num=0;num<24;num++);             //DTH 拉高 80μs
        return flag;
    }

    uchar DTH11_RD_CHAR()
    {
        uchar byte=0;
        uchar num;
        uchar num1;
        while(DQ==1);
        for(num1=0;num1<8;num1++)
        {
            while(DQ==0);
            byte<<=1;                        //高位在前
            for(num=0;DQ==1;num++);
            if(num<10)
                byte|=0x00;
            else
                byte|=0x01;
```

```
    }
    return byte;
}
void  DTH11_DUSHU()
{
    uchar num;
    if(init_DTH11()==0)
    {
        wendu=DTH11_RD_CHAR();              //比正常值高 7°左右
        DTH11_RD_CHAR();
        shidu=DTH11_RD_CHAR();
        DTH11_RD_CHAR();
        DTH11_RD_CHAR();
        for(num=0;num<17;num++);            //最后 BIT 输出后拉低总线 50μs
        DQ=1;
        BELL=0;
        delay1ms(1);
        BELL=1;
    }
}


main()
{
    wendu=0;
    shidu=0;
    delay1ms(1000);                         //DTH11 开始 1s 有错误输出
    init_1602();
    while(1)
    {
        DTH11_DUSHU();
        write_com(0x80);
        write_str("  Hum:");
        write_data(wendu/10%10+48);
        write_data(wendu%10+48);
        write_data('%');
        write_com(0x80+0x40);
        write_str("  Tem:");
        write_data(shidu/10%10+48);
        write_data(shidu%10+48);
        write_data(0xdf);
        write_data('c');
        delay1ms(2000);
    }
}
```

（4）编译连接工程文件，成功编译文件，如图 4-29 所示。

（5）接好串口线，下载程序到单片机，观察运行效果，如图 4-30 所示。

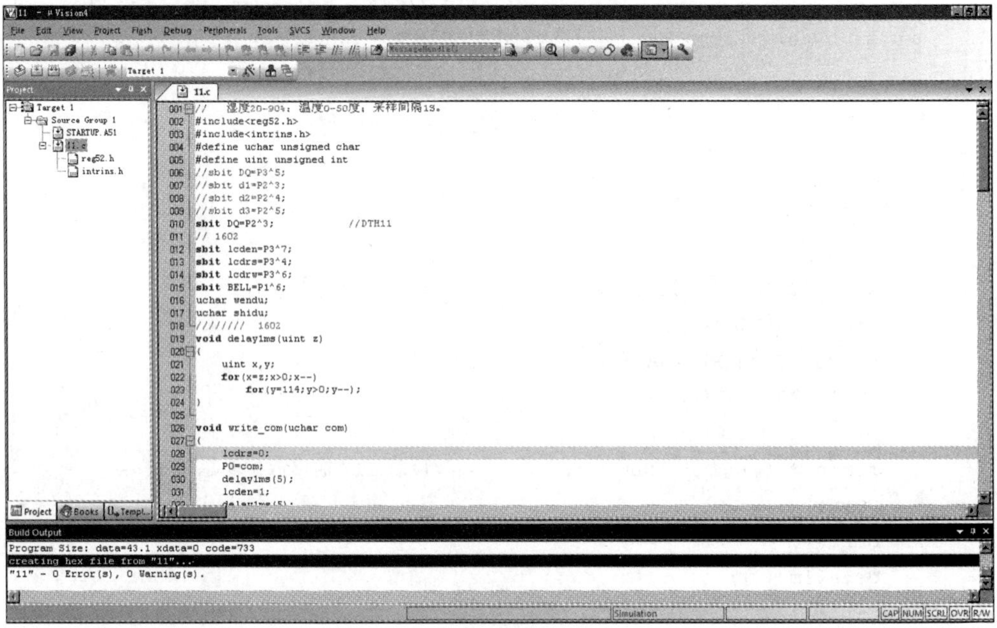

图 4-29 编译连接工程文件

图 4-30 物联网温湿度传感器信息采集感知测量仪运行效果

4.3 超声波测距测温传感器信息采集感知测量仪设计与实现

学习目标：理解物联网超声波测距测温传感器信息采集感知测量仪的工作原理，在实践中掌握其基础硬件设计与实现技巧，掌握物联网超声波测距测温传感器信息采集感知测量仪软硬件设计的基本步骤。

项目重点：(1)理解物联网超声波测距测温传感器信息采集感知测量仪的工作原理；(2)物联网超声波测距测温传感器信息采集感知测量仪软硬件设计的基本步骤。

项目难点：(1)理解物联网超声波测距测温传感器信息采集感知测量仪的工作原理；(2)物联网超声波测距测温传感器的硬件封装与接入模式。

4.3.1　超声波测距测温传感器信息采集感知测量仪原理图识读

超声波测距测温传感器信息采集感知测量仪硬件原理,如图 4-31 所示。

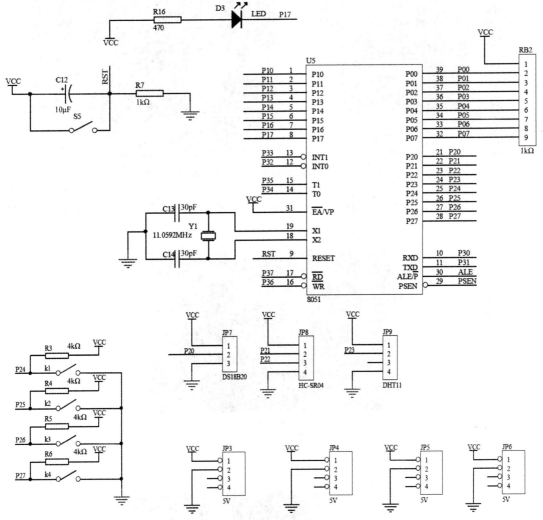

图 4-31　超声波测距测温传感器信息采集感知测量仪温度传感器 DS18B20、HC-SR04 连接图

物联网超声波测距测温传感器信息采集感知测量仪所需要的套件,如图 4-32 所示。

HC-SR04 超声波测距模块可提供 2cm～400cm 的非接触式距离感测功能,测距精度可达高到 3mm;模块包括超声波发射器、接收器与控制电路。

HC-SR04 超声波测距传感器基本工作原理如下:

(1) 采用 I/O 口 TRIG 触发测距,给最少 10 μs 的高电平信号。

(2) 模块自动发送 8 个 40kHz 的方波,自动检测是否有信号返回。

(3) 有信号返回,通过 I/O 口 ECHO 输出一个高电平,高电平持续的时间就是超声波从发射到返回的时间。测试距离=(高电平时间×声速(340M/S))/2。

HC-SR04 超声波测距传感器实物,如图 4-33 所示。HC-SR04 超声波测距传感器接线,

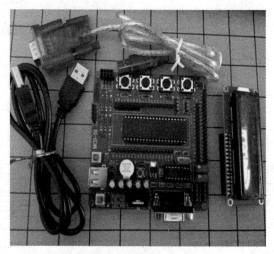

图 4-32　物联网温湿度传感器信息采集感知测量仪套件

VCC 供 5V 电源,GND 为地线,TRIG 触发控制信号输入,ECHO 回响信号输出等 4 个接口端。

图 4-33　HC-SR04 超声波测距传感器实物图

HC-SR04 超声波测距传感器接入引脚,如图 4-34 所示。

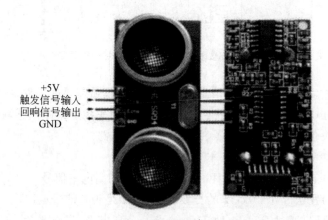

图 4-34　HC-SR04 超声波测距传感器接线图

144

美国 Dallas 半导体公司的数字化温度传感器 DS18B20 是世界上第一片支持"一线总线"接口的温度传感器,在其内部使用了在板(ON-BOARD)专利技术。全部传感元件及转换电路集成在形如一只三极管的集成电路内。一线总线独特而且经济的特点,使用户可轻松地组建传感器网络,为测量系统的构建引入全新概念。新一代的 DS18B20 体积更小、更经济、更灵活,可以充分发挥"一线总线"的优点。

如图 4-35 所示,温度传感器 DS18B20 引脚定义:

图 4-35　温度传感器 DS18B20

(1) DQ 为数字信号输入/输出端;

(2) GND 为电源地;

(3) VDD 为外接供电电源输入端(在寄生电源接线方式时接地)。

在传统模拟信号远距离温度测量系统中,需要很好地解决引线误差补偿问题、多点测量切换误差问题和放大电路零点漂移误差问题,才能够达到较高的测量精度。另外一般监控现场的电磁环境各种干扰信号较强,模拟温度信号容易受到干扰而产生测量误差,影响测量精度。因此,在温度测量系统中,采用抗干扰能力强的新型数字温度传感器是解决这些问题的最有效方案,新型数字温度传感器 DS18B20 具有体积更小、精度更高、适用电压更宽、采用一线总线、可组网等优点,在实际应用中取得了良好的测温效果。

4.3.2　物联网超声波测距测温传感器信息采集感知测量仪的制作步骤

(1) 如图 4-36 所示,连接好相关部件。

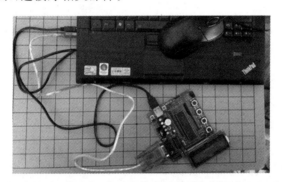

图 4-36　物联网超声波测距测温传感器信息采集感知测量仪 USB 和串口接线图

(2) 将温度传感器 DS18B20 和超声波测距传感器 HC-SR04 插入已经焊接好的主板的对应位置上,如图 4-37 所示。

(3) 打开 Keil 软件,建立新工程,输入 main.c 文件的如下代码:

```
#include<reg52.h>
#include<intrins.h>
#define uchar unsigned char
#define uint unsigned int
//hc-sr04　超声波传感器连接引脚设置
sbit TRIG=P2^1;
sbit ECHO=P2^2;
```

图 4-37 温度传感器 DS18B20 和超声波测距传感器 HC-SR04 接线图

```
//ds18b20  温度传感器连接引脚设置
sbit DQ=P2^0;
//LCD1602  连接引脚设置
sbit lcdrs=P3^4;
sbit lcdrw=P3^6;
sbit lcden=P3^7;
sbit BELL=P1^6;
uint wendu=0;
uint t1;
bit cuowu;
////////  LCD1602 相关函数定义
void delay1ms(uint z)                      //延迟函数
{
    uint x,y;
    for(x=z;x>0;x--)
        for(y=114;y>0;y--);
}

void write_com(uchar com)
{
    lcdrs=0;
    P0=com;
    delay1ms(5);
    lcden=1;
    delay1ms(5);
    lcden=0;
}

void write_data(uchar date)
{
    lcdrs=1;
    P0=date;
    delay1ms(5);
```

146

```
        lcden=1;
        delay1ms(5);
        lcden=0;
}
void write_str(uchar * str)
{
        while(*str!='\0')                       //未结束
        {
                write_data(*str++);
                delay1ms(1);
        }
}
void init_1602()
{
        lcdrw=0;
        lcden=0;
        write_com(0x38);
        write_com(0x0e);
        write_com(0x06);
        write_com(0x01);
        write_com(0x80);
}
///////// ds18b20相关函数定义
bit init_DS18B20()
{
        uchar num;
        bit flag;
        DQ=1;
        for(num=0;num<2;num++);                  //先拉高
        DQ=0;
        for(num=0;num<200;num++);                //480~960μs,充电
        DQ=1;
        for(num=0;num<20;num++);                 //>60μs,等待
        flag=DQ;                                 //响应
        for(num=0;num<150;num++);                //60~240μs ds18b20存在信号
        DQ=1;
        return flag;
}
void DS18B20_WR_CHAR(uchar byte)                 //先写低位
{
        uchar num;
        uchar num1;
        for(num1=0;num1<8;num1++)
        {
                DQ=0;                            //拉低
                _nop_();                         //下拉1μs
```

```
            _nop_();
            DQ=byte&0x01;
            for(num=0;num<20;num++);              //>60μs,等待
            byte>>=1;
            DQ=1;                                 //拉高
            _nop_();
            _nop_();
        }
}
uchar DS18B20_RD_CHAR()                          //先读低位
{
    uchar num;
    uchar num1;
    uchar byte=0;
    for(num1=0;num1<8;num1++)
    {
        DQ=0;                                     //拉低
        _nop_();
        DQ=1;
        for(num=0;num<1;num++);                   //<10μs
        byte>>=1;
        if(DQ==1)
            byte|=0x80;
        else
            byte|=0x00;
        DQ=1;                                     //拉高
        _nop_();
        _nop_();
        for(num=0;num<20;num++);                  //>60μs
    }
    return byte;
}
void DS18B20_WENDU()
{
    uchar temperaturel=0;
    uchar temperatureh=0;
    if(init_DS18B20()==0)
    {
        DS18B20_WR_CHAR(0xcc);
        DS18B20_WR_CHAR(0x44);
        delay1ms(1000);
        if(init_DS18B20()==0)
        {
            DS18B20_WR_CHAR(0xcc);
            DS18B20_WR_CHAR(0xBE);
            _nop_();
```

```
            temperaturel=DS18B20_RD_CHAR();
            temperatureh=DS18B20_RD_CHAR();
            wendu=(temperatureh * 256+temperaturel) * 0.625;
            //温度比正常大 10 倍
            init_DS18B20();
        }
    }
}
main()
{
    unsigned long sj;
    uint s;
    TRIG=0;
    EA=1;
    ET1=1;
    ET0=1;
    TMOD=0x01;
    TH0=0;
    TL0=0;
    s=0;
    TR0=0;
    wendu=0;
    init_1602();
    delay1ms(1000);
    while(1)
    {
        if( init_DS18B20()==0)
        {
            DS18B20_WENDU();
            write_com(0x80);
            write_str("   Tem:");
            write_data((wendu/100)%10+48);
            write_data((wendu/10)%10+48);
            write_data('.');
            write_data(wendu%10+48);
            write_data(0xdf);
            write_data('C');
            BELL=0;
            delay1ms(1);
            BELL=1;
        }
        TRIG=1;
        _nop_();
        _nop_();
        _nop_();
        _nop_();
```

```
            _nop_();
            _nop_();
            _nop_();
            _nop_();
            _nop_();
            _nop_();
            _nop_();
            TRIG=0;
            while(!ECHO);
                TR0=1;
            while(ECHO);
                TR0=0;
            sj=TH0*256+TL0;
            s=sj*(331.45+61*wendu/10/100)/200/10;
            if((s>6000)||(cuowu==1))
            {
                write_com(0x80+0x40);
                write_str("Distance");
                write_data(':');
                write_data('-');
                write_data('.');
                write_data('-');
                write_data('-');
                write_data('-');
            }
            else
            {
                write_com(0x80+0x40);
                write_str("Distance");
                write_data(':');
                write_data(s/1000%10+48);
                write_data('.');
                write_data(s/100%10+48);
                write_data(s/10%10+48);
                write_data(s%10+48);
                write_data('m');
            }
            TH0=0;
            TL0=0;
            delay1ms(2000);
        }
    }
    void time0() interrupt 1
    {
        cuowu=1;
    }
```

（4）编译连接工程，如图 4-38 所示。

图 4-38　编译连接工程

（5）接好串口线，下载程序到单片机，观察运行效果，如图 4-39 所示。

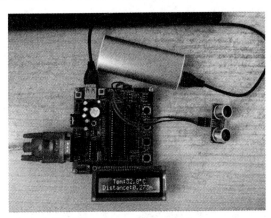

图 4-39　物联网超声波测距测温传感器信息采集感知测量仪运行效果

第 5 章　物联网射频 125k
RFID 电子锁实训

物联网经典实例 RFID 电子锁设计与实现实训模块包括三个实训项目：(1)RFID 电子锁基础硬件设计；(2)红外遥控开锁技术；(3)I2C 协议 EEPROM24C02 存储访问技术。本章系统深入地学习物联网 RFID 电子锁的关键技术。

5.1　物联网射频 125k RFID 电子锁基础硬件设计

学习目标：理解物联网 125k RFID 电子锁的工作原理，在实践中掌握其基础硬件设计与实现技巧，掌握 RFID 电子锁软硬件设计的基本步骤。

项目重点：(1)理解物联网 125k RFID 电子锁的工作原理；(2)物联网 125k RFID 电子锁软硬件设计的基本步骤。

项目难点：(1)理解物联网 125k RFID 电子锁的工作原理；(2)物联网 125k RFID 电子锁的硬件封装与接入模式。

5.1.1　物联网射频 125k RFID 电子锁材料准备

物联网传感器信息感知与采集系统所需要的元器件实物，如图 5-1 所示。

图 5-1　物联网射频 125k RFID 电子锁基础硬件实训套件

物联网传感器信息感知与采集系统所需要的元器件及材料准备,如表 5-1 所示。

表 5-1　物联网射频 125k RFID 电子锁基础硬件实训元件明细表

规 格 名 称	数 量
RFID 电子锁集成电路板	1
15 按键遥控器	1
220 V 转 12 V 适配器	1
铜锁芯及钥匙	1
12 V 特步进电机	1
钥匙卡	2
不锈钢锁架及外盒	1
螺丝及螺丝刀	1

5.1.2　物联网射频 125k RFID 电子锁制作步骤

(1) 将元器件从试验工具箱中取出,识别各个元器件,如图 5-2 所示。

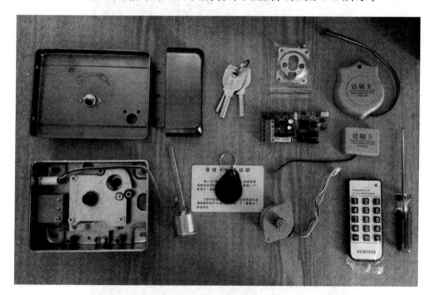

图 5-2　物联网射频 125k RFID 电子锁元器件识读

(2) 拿出以下几种元件,确认之间的连接接口,如图 5-3 所示。

(3) 按照图 5-4 所示,将 RFID 锁集成电路与两个读卡器(装好门锁后分别位于门内和门外)以及步进电机连接起来。

(4) 按照图 5-5 所示,将 RFID 锁集成电路电源与 220 V 转 12 V 适配器(内正外负)连接起来,观察刷卡器的红色 LED 灯亮,表示电路正常工作。

(5) 按照图 5-6 所示,将 RFID 锁集成电路电源与锁盒的磁力开关相连接,刷(外面)开门卡,观察步进电机的旋转情况。

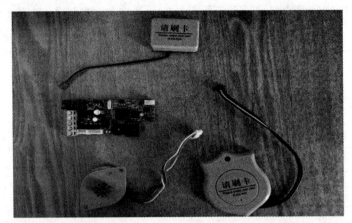

图 5-3　物联网射频 125k RFID 电子锁关键元器件接口识读

图 5-4　RFID 锁集成电路与步进电机等的连接方式

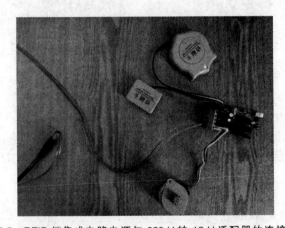

图 5-5　RFID 锁集成电路电源与 220 V 转 12 V 适配器的连接方式

　　(6) 按照图 5-7 所示,将 RFID 锁集成电路电源与锁盒的磁力开关相连接,刷(里面)开门卡,观察步进电机的旋转情况。

　　(7) 按照图 5-8 所示,首先将步进电机从 RFID 锁集成电路取下,并装入锁盒的正确位置,用两个螺丝固定好。

图 5-6　RFID 锁集成电路电源与锁盒的磁力开关等的连接方式

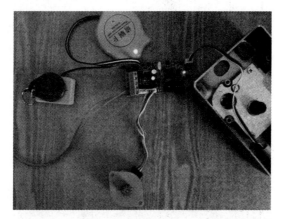

图 5-7　刷开门卡,观察步进电机的旋转情况

图 5-8　在锁盒里,固定步进电机

（8）按照图 5-9 所示,将 RFID 锁集成电路装入锁盒架的正确位置,轻轻地用两个螺丝固定好。

（9）按照图 5-10 所示,将 RFID 锁集成电路与磁力开关、步进电机正确连接。

（10）按照图 5-11 所示,将 RFID 锁集成电路与门外刷卡(读写)器正确连接。

（11）按照图 5-12 所示,将 RFID 锁集成电路与门内刷卡(读写)器正确连接。

图 5-9　在锁盒里,固定 RFID 锁集成电路芯片

图 5-10　RFID 锁集成电路与磁力开关、步进电机的正确连接

图 5-11　RFID 锁集成电路与门外刷卡(读写)器的正确连接

　　(12) 按照图 5-13 所示,将 RFID 锁集成电路与 220V 转 12V 适配器(内正外负)连接起来,调试观察。

　　(13) 按照图 5-14 所示,理顺并检查线路连接的正确情况。

图 5-12　RFID 锁集成电路与门内刷卡(读写)器的正确连接

图 5-13　RFID 锁集成电路与 220V 转 12V 适配器(内正外负)的正确连接

图 5-14　检查线路连接的正确情况

　　(14) 按照图 5-15 所示,上好锁盒后盖,RFID 电子锁大功告成,读者可以将此锁子安装在门上,体验刷卡开门。

　　(15) 如图 5-16 所示,刷卡锁开。

　　(16) 门关,锁闭,如图 5-17 所示。

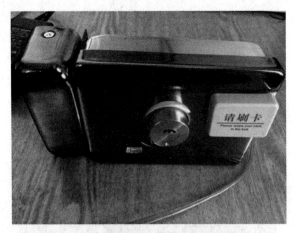

图 5-15　上好锁盒后盖,准备体验刷卡开门

图 5-16　刷卡锁开

图 5-17　门关,锁闭

5.2　物联网近距离红外遥控解码技术实训

学习目标:理解物联网红外遥控解码技术,在实践中掌握其基础硬件设计与实现技巧,掌握 RFID 电子锁遥控开锁软硬件设计的基本步骤。

项目重点：(1)按配套遥控器按键，液晶显示 4 组码值，分别是用户码、用户码、数据码、数据反码，显示格式为 Code：1E-1E-00-FF；(2)物联网 13.56M RFID 电子锁遥控开锁软硬件设计的基本步骤。

项目难点：(1)理解物联网红外遥控解码技术的实质；(2)红外传感器接收端的硬件封装与接入模式。

5.2.1　物联网近距离红外遥控解码技术原理图识读

LCD1602 引脚分布，如图 5-18 所示。

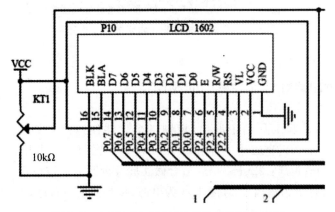

图 5-18　LCD1602 与 MCU 的连接引脚分布图

物联网近距离红外接收传感器 1838 与 MCU 的连接，如图 5-19 所示。

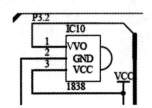

图 5-19　红外接收传感器 1838 与 MCU 的连接示意图

5.2.2　物联网近距离红外遥控解码材料准备

物联网近距离红外遥控解码系统所需要的元器件及材料准备，如表 5-2 所示。

表 5-2　物联网近距离红外遥控解码技术实训元件明细表

规格名称	数量
开发电路板	1
21 按键遥控器	1
USB 线	1
LCD1602	1

红外遥控解码技术元器件实物,如图 5-20 所示。

图 5-20　红外遥控解码技术元器件实物套件

5.2.3　物联网近距离红外遥控解码的制作步骤

(1) 将元器件从试验工具箱中取出,识别各个元器件。核心部件为红外接收传感器 1838。如图 5-21 所示,1838 通用一体化红外接收头带屏蔽壳。电压:2.7～5.5V;电流: 1.4mA;频率:38kHz;距离:22m～25m(适合做实验及近距离遥控设备使用);角度:±45°; 波长:940nm。引脚:1 为输出,2 为接地,3 为电源(接收面正对自己,左边为第一脚)。

图 5-21　红外接收传感器 1838

(2) 将 USB 线正确连接到计算机 USB 接口,正确接入 LCD1602,如图 5-22 所示。

图 5-22　红外接收传感器 1838 套件接线图

（3）通过打开"计算机管理"查看端口号，以备下载程序所用，如图 5-23 所示。

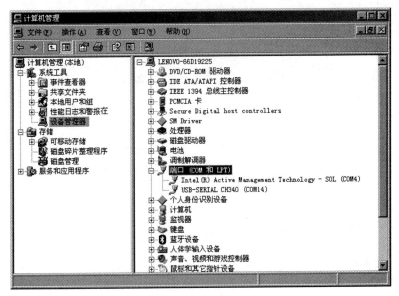

图 5-23　在"计算机管理"中查看端口号

（4）建立工程，其中目录结构如图 5-24 所示。

图 5-24　建立工程的目录结构

（5）各源文件（＊.c）清单如下。

1602.c 文件如下。

```
/* ----------------------------------------------
名称：LCD1602
引脚定义如下：1-VSS 2-VDD 3-V0 4-RS 5-R/W 6-E 7-14 DB0-DB7 15-BLA 16-BLK
```

```
-------------------------------------------------- */
#include "1602.h"
#include "delay.h"
#define CHECK_BUSY

sbit RS =P2^2;                                      //定义端口
sbit RW =P2^3;
sbit EN =P2^4;

sbit WEI=P2^7;                                      //数码管位控制脚
sbit DUAN=P2^6;                                     //数码管段控制脚

#define RS_CLR RS=0
#define RS_SET RS=1

#define RW_CLR RW=0
#define RW_SET RW=1

#define EN_CLR EN=0
#define EN_SET EN=1

#define DataPort P0

/* --------------------------------------------------
判忙函数
-------------------------------------------------- */
bit LCD_Check_Busy(void)
{
    #ifdef CHECK_BUSY
        DataPort=0xFF;
        RS_CLR;
        RW_SET;
        EN_CLR;
        _nop_();
        EN_SET;
        return (bit)(DataPort & 0x80);
    #else
        return 0;
    #endif
}
/* --------------------------------------------------
写入命令函数
----------------    -------------------------- */
void LCD_Write_Com(unsigned char com)
{
    while(LCD_Check_Busy());                        //忙则等待
```

```
    RS_CLR;
    RW_CLR;
    EN_SET;
    DataPort=com;
    _nop_();
    EN_CLR;
}
/* - - - - - - - - - - - - - - - - - - - - - - - - - - - - - - - - - - - - - - - - - - - - - - - - -
写入数据函数
- - - - - - - - - - - - - - - - - - - - - - - - - - - - - - - - - - - - - - - - - - - - - - - - - * /
void LCD_Write_Data(unsigned char Data)
{
    while(LCD_Check_Busy());                //忙则等待
    RS_SET;
    RW_CLR;
    EN_SET;
    DataPort=Data;
    _nop_();
    EN_CLR;
}


/* - - - - - - - - - - - - - - - - - - - - - - - - - - - - - - - - - - - - - - - - - - - - - - - - -
清屏函数
- - - - - - - - - - - - - - - - - - - - - - - - - - - - - - - - - - - - - - - - - - - - - - - - - * /
void LCD_Clear(void)
{
    LCD_Write_Com(0x01);
    DelayMs(5);
}
/* - - - - - - - - - - - - - - - - - - - - - - - - - - - - - - - - - - - - - - - - - - - - - - - - -
写入字符串函数
- - - - - - - - - - - - - - - - - - - - - - - - - - - - - - - - - - - - - - - - - - - - - - - - - * /
void LCD_Write_String(unsigned char x,unsigned char y,unsigned char * s)
{
    if (y ==0)
    {
        LCD_Write_Com(0x80 +x);             //表示第一行
    }
    else
    {
        LCD_Write_Com(0xC0 +x);             //表示第二行
    }
    While ( * s)
    {
        LCD_Write_Data( * s);
        s ++;
```

```
        }
    }
/* ------------------------------------------------
写入字符函数
------------------------------------------------ */
/* void LCD_Write_Char(unsigned char x,unsigned char y,unsigned char Data)
{
    if (y ==0)
    {
        LCD_Write_Com(0x80 +x);
    }
    else
    {
        LCD_Write_Com(0xC0 +x);
    }
        LCD_Write_Data( Data);
} */
/* ------------------------------------------------
初始化函数
------------------------------------------------ */
void LCD_Init(void)
{
    LCD_Write_Com(0x38);                    /* 显示模式设置 */
    DelayMs(5);
    LCD_Write_Com(0x38);
    DelayMs(5);
    LCD_Write_Com(0x38);
    DelayMs(5);
    LCD_Write_Com(0x38);
    LCD_Write_Com(0x08);                    /* 显示关闭 */
    LCD_Write_Com(0x01);                    /* 显示清屏 */
    LCD_Write_Com(0x06);                    /* 显示光标移动设置 */
    DelayMs(5);
    LCD_Write_Com(0x0C);                    /* 显示开及光标设置 */
}
```

lcd1602.h 文件如下。

```
/* ------------------------------------------------
名称:lcd1602.h
引脚定义如下:1-VSS 2-VDD 3-V0 4-RS 5-R/W 6-E 7-14 DB0-DB7 15-BLA 16-BLK
------------------------------------------------ */
#include<reg52.h>        //包含头文件,一般情况不需要改动,头文件包含特殊功能寄存器的定义
#include<intrins.h>
#ifndef __1602_H__
    #define __1602_H__
    bit LCD_Check_Busy(void) ;
```

```
        void LCD_Write_Com(unsigned char com) ;
        void LCD_Write_Data(unsigned char Data) ;
        void LCD_Clear(void) ;
        void LCD_Write_String(unsigned char x, unsigned char y, unsigned char * s) ;
        void LCD_Write_Char(unsigned char x, unsigned char y, unsigned char Data) ;
        void LCD_Init(void) ;
        void Lcd_User_Chr(void);
#endif
```

reg52.h 文件如下。

```
/* ------------------------------------------------------------------
reg52.h
------------------------------------------------------------------ */

#ifndef __REG52_H__
    #define __REG52_H__

    /*   字节寄存器   */
    sfr P0      = 0x80;
    sfr P1      = 0x90;
    sfr P2      = 0xA0;
    sfr P3      = 0xB0;
    sfr PSW     = 0xD0;
    sfr ACC     = 0xE0;
    sfr B       = 0xF0;
    sfr SP      = 0x81;
    sfr DPL     = 0x82;
    sfr DPH     = 0x83;
    sfr PCON    = 0x87;
    sfr TCON    = 0x88;
    sfr TMOD    = 0x89;
    sfr TL0     = 0x8A;
    sfr TL1     = 0x8B;
    sfr TH0     = 0x8C;
    sfr TH1     = 0x8D;
    sfr IE      = 0xA8;
    sfr IP      = 0xB8;
    sfr SCON    = 0x98;
    sfr SBUF    = 0x99;

    /*   8052 扩展寄存器   */
    sfr T2CON   = 0xC8;
    sfr RCAP2L  = 0xCA;
    sfr RCAP2H  = 0xCB;
    sfr TL2     = 0xCC;
    sfr TH2     = 0xCD;
```

```
/*   位寄存器   */
/*   PSW    */
sbit CY   = PSW^7;
sbit AC   = PSW^6;
sbit F0   = PSW^5;
sbit RS1  = PSW^4;
sbit RS0  = PSW^3;
sbit OV   = PSW^2;
sbit P    = PSW^0;                    //8052 适用

/*   TCON   */
sbit TF1  = TCON^7;
sbit TR1  = TCON^6;
sbit TF0  = TCON^5;
sbit TR0  = TCON^4;
sbit IE1  = TCON^3;
sbit IT1  = TCON^2;
sbit IE0  = TCON^1;
sbit IT0  = TCON^0;

/*   IE    */
sbit EA   = IE^7;
sbit ET2  = IE^5;                     //8052 适用
sbit ES   = IE^4;
sbit ET1  = IE^3;
sbit EX1  = IE^2;
sbit ET0  = IE^1;
sbit EX0  = IE^0;

/*   IP    */
sbit PT2  = IP^5;
sbit PS   = IP^4;
sbit PT1  = IP^3;
sbit PX1  = IP^2;
sbit PT0  = IP^1;
sbit PX0  = IP^0;

/*   P3    */
sbit RD   = P3^7;
sbit WR   = P3^6;
sbit T1   = P3^5;
sbit T0   = P3^4;
sbit INT1 = P3^3;
sbit INT0 = P3^2;
sbit TXD  = P3^1;
```

```
sbit RXD   =P3^0;

/*   SCON   */
sbit SM0   =SCON^7;
sbit SM1   =SCON^6;
sbit SM2   =SCON^5;
sbit REN   =SCON^4;
sbit TB8   =SCON^3;
sbit RB8   =SCON^2;
sbit TI    =SCON^1;
sbit RI    =SCON^0;

/*   P1   */
sbit T2EX  =P1^1;                        //8052 适用
sbit T2    =P1^0;                        //8052 适用

/*   T2CON   */
sbit TF2   =T2CON^7;
sbit EXF2  =T2CON^6;
sbit RCLK  =T2CON^5;
sbit TCLK  =T2CON^4;
sbit EXEN2 =T2CON^3;
sbit TR2   =T2CON^2;
sbit C_T2  =T2CON^1;
sbit CP_RL2 =T2CON^0;
```

```
#endif
```

INTRINS.H 文件如下。

```
/*-------------------------------------------------------------
INTRINS.H
----------------------------------------------------------- */
#ifndef __INTRINS_H__
   #define __INTRINS_H__

   extern void          _nop_     (void);
   extern bit           _testbit_ (bit);
   extern unsigned char _cror_    (unsigned char, unsigned char);
   extern unsigned int  _iror_    (unsigned int,  unsigned char);
   extern unsigned long _lror_    (unsigned long, unsigned char);
   extern unsigned char _crol_    (unsigned char, unsigned char);
   extern unsigned int  _irol_    (unsigned int,  unsigned char);
   extern unsigned long _lrol_    (unsigned long, unsigned char);
   extern unsigned char _chkfloat_(float);
   extern void          _push_    (unsigned char _sfr);
   extern void          _pop_     (unsigned char _sfr);
```

```
#endif
```

- delay.h 文件如下。

```
#ifndef __DELAY_H__
    #define __DELAY_H__
    /* --------------------------------------------------
    uS 延时函数,含有输入参数 unsigned char t,无返回值
    unsigned char 是定义无符号字符变量,其值的范围是
    0~255,这里使用晶振 12M,精确延时请使用汇编,大致延时
    长度如下 T=tx2+5 μs
    -------------------------------------------------- */
    void DelayUs2x(unsigned char t);
    /* --------------------------------------------------
    mS 延时函数,含有输入参数 unsigned char t,无返回值
    unsigned char 是定义无符号字符变量,其值的范围是
    0~255,这里使用晶振 12M,精确延时请使用汇编
    -------------------------------------------------- */
    void DelayMs(unsigned char t);
#endif
```

delay.c 文件如下。

```
#include "delay.h"
/* --------------------------------------------------
uS 延时函数,含有输入参数 unsigned char t,无返回值
unsigned char 是定义无符号字符变量,其值的范围是
0~255,这里使用晶振 12M,精确延时请使用汇编,大致延时
长度如下 T=tx2+5 μs
-------------------------------------------------- */
void DelayUs2x(unsigned char t)
{
    while(--t);
}
/* --------------------------------------------------
mS 延时函数,含有输入参数 unsigned char t,无返回值
unsigned char 是定义无符号字符变量,其值的范围是
0~255,这里使用晶振 12M,精确延时请使用汇编
-------------------------------------------------- */
void DelayMs(unsigned char t)
{
    while(t--)
    {
        //大致延时 1mS
        DelayUs2x(245);
        DelayUs2x(245);
    }
}
```

红外解码 1602 液晶显示.c 文件如下。

```c
#include<reg52.h>        //包含头文件,一般情况不需要改动,头文件包含特殊功能寄存器的定义
#include"1602.h"
#include"delay.h"

sbit IR=P3^2;                          //红外接口标志

char code Tab[16]="0123456789ABCDEF";
/* --------------------------------------------------
全局变量声明
-------------------------------------------------- */

unsigned char  irtime;                 //红外用全局变量

bit irpro_ok,irok;
unsigned char IRcord[4];
unsigned char irdata[33];

unsigned char TempData[16];
/* --------------------------------------------------
函数声明
-------------------------------------------------- */
void Ir_work(void);
void Ircordpro(void);

/* --------------------------------------------------
定时器 0 中断处理
-------------------------------------------------- */

void tim0_isr (void) interrupt 1 using 1
{
     irtime++;                         //用于计数 2 个下降沿之间的时间
}

/* --------------------------------------------------
外部中断 0 中断处理
-------------------------------------------------- */
void EX0_ISR (void) interrupt 0       //外部中断 0 服务函数
{
    static unsigned char  i;          //接收红外信号处理
    static bit startflag;             //是否开始处理标志位

if(startflag)
   {
```

```
            if(irtime<63&&irtime>=33)   //引导码 TC9012 的头码,9ms+4.5ms
                i=0;
            irdata[i]=irtime;            //存储每个电平的持续时间,用于以后判断是 0 还是 1
            irtime=0;
            i++;
            if(i==33)
            {
                irok=1;
                i=0;
            }
        }
        else
        {
            irtime=0;
            startflag=1;
        }

    }


/* ---------------------------------------------------
定时器 0 初始化
--------------------------------------------------- */
void TIM0init(void)                  //定时器 0 初始化
{

    TMOD=0x02;                       //定时器 0 工作方式 2,TH0 是重装值,TL0 是初值
    TH0=0x00;                        //重载值
    TL0=0x00;                        //初始化值
    ET0=1;                           //开中断
    TR0=1;
}
/* ---------------------------------------------------
外部中断 0 初始化
--------------------------------------------------- */
void EX0init(void)
{
    IT0 =1;                          //指定外部中断 0 下降沿触发,INT0 (P3.2)
    EX0 =1;                          //使能外部中断
    EA =1;                           //开总中断
}
/* ---------------------------------------------------
键值处理
--------------------------------------------------- */

void Ir_work(void)
{
```

```c
    TempData[0] =Tab[IRcord[0]/16];        //处理客户码
    TempData[1] =Tab[IRcord[0]%16];
    TempData[2] = '-';
    TempData[3] =Tab[IRcord[1]/16];        //处理客户码
    TempData[4] =Tab[IRcord[1]%16];
    TempData[5] = '-';
    TempData[6] =Tab[IRcord[2]/16];        //处理数据码
    TempData[7] =Tab[IRcord[2]%16];
    TempData[8] = '-';
    TempData[9] =Tab[IRcord[3]/16];        //处理数据反码
    TempData[10] =Tab[IRcord[3]%16];
    LCD_Write_String(5,1,TempData);
    irpro_ok=0;                            //处理完成标志
}
/* - - - - - - - - - - - - - - - - - - - - - - - - - - - - - - - - - - - - - -
红外码值处理
- - - - - - - - - - - - - - - - - - - - - - - - - - - - - - - - - - - - * /
void Ircordpro(void)                       //红外码值处理函数
{
    unsigned char i, j, k;
    unsigned char cord,value;
    k=1;
    for(i=0;i<4;i++)                       //处理 4 个字节
    {
        for(j=1;j<=8;j++)                 //处理 1 个字节 8 位
        {
            cord=irdata[k];
            if(cord>7)
            //大于某值为 1,这个和晶振有绝对关系,这里使用 12M 计算,此值可以有一定误差
                value|=0x80;
            if(j<8)
            {
                value>>=1;
            }
            k++;
        }
        IRcord[i]=value;
        Cvalue=0;
    }
    irpro_ok=1;                            //处理完毕标志位置 1
}

/* - - - - - - - - - - - - - - - - - - - - - - - - - - - - - - - - - - - - - -
主函数
- - - - - - - - - - - - - - - - - - - - - - - - - - - - - - - - - - - - * /
void main(void)
```

```
{
    EX0init();                              //初始化外部中断
    TIM0init();                             //初始化定时器
    LCD_Init();                             //初始化液晶
    DelayMs(20);                            //延时有助于稳定
    LCD_Clear();                            //清屏
    LCD_Write_String(0,0,"IR RE.Controller");
    LCD_Write_String(0,1,"Code:");
    while(1)                                //主循环
    {
        if(irok)                            //如果接收好了进行红外处理
        {
            Ircordpro();
            irok=0;
        }
        if(irpro_ok)       //如果处理好后进行工作处理,如按对应的按键后显示对应的数字等
        {
            Ir_work();
        }
    }
}
```

（6）打开 Keil 软件，按照上述文件结构，输入各文件的代码，如图 5-25 所示。

图 5-25　输入各文件的代码

（7）编译连接工程文件，生成红外解码 1602 液晶显示.hex，如图 5-26 所示。

（8）烧录红外解码 1602 液晶显示.hex 程序到开发板，如图 5-27 所示。注意，选择好
CPU 类型、端口、波特率、冷启动等事宜。

图 5-26　编译连接工程文件,生成红外解码 1602 液晶显示.hex

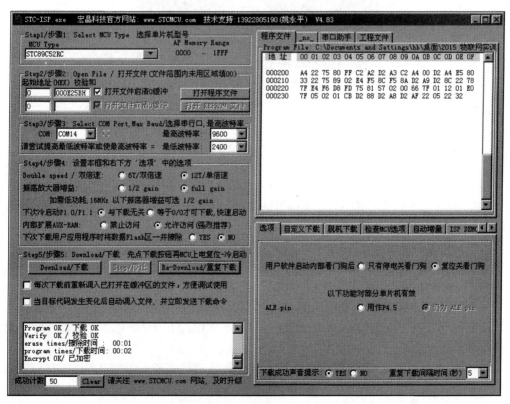

图 5-27　烧录红外解码 1602 液晶显示.hex 程序到开发板

（9）下载程序到单片机后,观察运行效果,如图 5-28 和图 5-29 所示。

图 5-28　按键前的运行效果

图 5-29　按下"CH-"键,LCD1602 显示对应按键的红外解码值"00-FF-45-BA"

5.3　物联网 I2C 协议 AT24C02 存储访问技术

学习目标：物联网 I2C 协议 EEPROM24C02 存储访问技术实训项目用于检测 EEPROM 性能,测试方法如下：写入 AT24C02 一些数据,再在内存中清除这些数据,掉电后主内存将失去这些信息,然后从 24C02 中调入这些数据。看是否与写入的相同。函数是采用软件延时的方法产生 SCL 脉冲,故对高晶振频率要做一定的修改(本例是 1μs 机器周期,即晶振频率要小于 12MHz)。

每次开机,开机数值加 1 并存储到 24C02,显示到数码管上。

项目重点：(1)正确理解 AT24C02 存储器工作原理；(2)AT24C02 存储器读写电路软硬件设计的基本步骤。

项目难点：(1)正确理解 AT24C02 存储器工作原理的实质；(2)AT24C02 存储器的硬件封装与接入模式。

5.3.1　物联网 I2C 协议 AT24C02 存储访问原理图识读

物联网 I2C 协议 AT24C02 与 MCU 的连接,如图 5-30 所示。

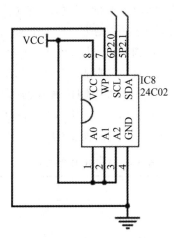

图 5-30　AT24C02 与 MCU 的连接引脚分布图

5.3.2　物联网 I2C 协议 AT24C02 存储访问材料准备

物联网 I2C 协议 AT24C02 存储访问系统所需要的元器件及材料准备，如表 5-3 所示。

表 5-3　RFID 电子锁 IC 协议 AT24C02 存储访问技术实训元件明细表

规 格 名 称	数 量
开发电路板	1
AT24C02	1
USB 线	1

I2C 协议 AT24C02 存储访问技术元器件实物，如图 5-31 所示。

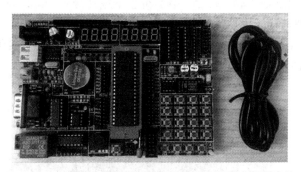

图 5-31　I2C 协议 AT24C02 存储访问技术开发电路板实物

5.3.3　物联网 I2C 协议 AT24C02 存储访问系统的制作步骤

（1）将元器件从试验工具箱中取出，识别元器件 AT24C02，如图 5-32 所示。

AT24C02 为 I2C 总线串行 EEPROM 储存器，它的存储容量为 2k 位，存储器的内部结构为 512×4 位，芯片具有写保护，可靠性高，擦写次数可达 100 万次。

（2）AT24C02 功能描述：AT24C02 支持 IC，总线数据传送协议 IC，总线协议规定任何将数据传送到总线的器件作为发送器。任何从总线接收数据的器件为接收器。数据传送是由产生串行时钟和所有起始停止信号的主器件控制的。主器件和从器件都可以作为发送器或接收器，但由主器件控制传送数据（发送或接收）的模式，通过器件地址输入端 A0、A1 和 A2 可以实现将最多 8 个 AT24C02 器件连接到总线上，如表 5-4 所示。

图 5-32　AT24C02 存储器

表 5-4　AT24C02 管脚描述

管 脚 名 称	功　　能
A0、A1、A2	器件地址选择
SDA	串行数据/地址
SCL	串行时钟
WP	写保护
Vcc	+1.8～6.0V 工作电压
Vss	地

SCL：AT24C02 串行时钟输入管脚用于产生器件所有数据发送或接收的时钟，这是一个输入管脚。

SDA 串行数据/地址：AT24C02 双向串行数据/地址管脚用于器件所有数据的发送或接收，SDA 是一个开漏输出管脚，可与其他开漏输出或集电极开路输出进行线或（wire-OR）。

A0、A1、A2 器件地址输入端：这些输入脚用于多个器件级联时设置器件地址，当这些脚悬空时默认值为 0。当使用 AT24C02 时最大可级联 8 个器件。如果只有一个 AT24C02 被总线寻址，这三个地址输入脚（A0、A1、A2）可悬空或连接到 Vss，如果只有一个 AT24C02 被总线寻址这三个地址输入脚（A0、A1、A2）必须连接到 Vss。

WP 写保护：如果 WP 管脚连接到 Vcc，所有的内容都被写保护只能读。当 WP 管脚连接到 Vss 或悬空允许器件进行正常的读/写操作。

（3）将 USB 线正确连接到计算机 USB 接口，如图 5-33 所示。

图 5-33　开发板的 USB 连接

（4）建立工程，目录结构，如图 5-34 所示。

图 5-34　工程的目录结构

（5）各源文件（＊.c）清单如下。

main.c 文件如下。

```
/*--------------------------------------------------
名称:IIC协议 24C02 存储开机次数
内容:每次开机,开机数值加 1 并存储到 AT24C02
-------------------------------------------------- */
#include <reg52.h>
#include "i2c.h"
#include "delay.h"
#include "display.h"

main()
{
    unsigned char num=0;
    Init_Timer0();
    IRcvStr(0xae,50,&num,1);              //从 AT24C02 读出数据
    num++;
    ISendStr(0xae,50,&num,1);             //写入 AT24C02
    DelayMs(10);
    TempData[0]=dofly_DuanMa[num/100];
    TempData[1]=dofly_DuanMa[(num%100)/10];
    TempData[2]=dofly_DuanMa[(num%100)%10];
    while(1)
    {
    }
}
```

i2c.c 文件如下。

```
/* ---------------------------------------------------
名称:I2C 协议
内容:函数是采用软件延时的方法产生 SCL 脉冲,故对高晶振频率要做一定的修改(本例是 1μs 机器
     周期,即晶振频率要小于 12MHz)
--------------------------------------------------- */
#include "i2c.h"
#include "delay.h"
#define  _Nop()  _nop_()              //定义空指令
bit ack;                              //应答标志位
sbit SDA=P2^1;
sbit SCL=P2^0;
/* ---------------------------------------------------
启动总线
--------------------------------------------------- */
void Start_I2c()
{
    SDA=1;                            //发送起始条件的数据信号
    _Nop();
    SCL=1;
    _Nop();                           //起始条件建立时间大于 4.7μs,延时
    _Nop();
    _Nop();
    _Nop();
    _Nop();
    SDA=0;                            //发送起始信号
    _Nop();                           //起始条件锁定时间大于 4μs
    _Nop();
    _Nop();
    _Nop();
    _Nop();
    SCL=0;                            //钳住 I2C 总线,准备发送或接收数据
    _Nop();
    _Nop();
}
/* ---------------------------------------------------
结束总线
--------------------------------------------------- */
void Stop_I2c()
{
    SDA=0;                            //发送结束条件的数据信号
    _Nop();                           //发送结束条件的时钟信号
    SCL=1;                            //结束条件建立时间大于 4μs
    _Nop();
```

```
        _Nop();
        _Nop();
        _Nop();
        _Nop();
        SDA=1;                                    //发送 I2C 总线结束信号
        _Nop();
        _Nop();
        _Nop();
        _Nop();
}
/* -------------------------------------------------------------
字节数据传送函数
函数原型: void  SendByte(unsigned char c);
功能:将数据 c 发送出去,可以是地址,也可以是数据,发完后等待应答,并对
此状态位进行操作(不应答或非应答都使 ack=0 假)
发送数据正常,ack=1; ack=0 表示被控器无应答或损坏
------------------------------------------------------------- */
void  SendByte(unsigned char c)
{
    unsigned char BitCnt;

    for(BitCnt=0;BitCnt<8;BitCnt++)     //要传送的数据长度为 8 位
    {
        if((c<<BitCnt)&0x80)SDA=1;      //判断发送位
        else   SDA=0;
        _Nop();
        SCL=1;                          //置时钟线为高,通知被控器开始接收数据位
        _Nop();
        _Nop();                         //保证时钟高电平周期大于 4μs
        _Nop();
        _Nop();
        _Nop();
        SCL=0;
    }
    _Nop();
    _Nop();
    SDA=1;                              //8 位发送完后释放数据线,准备接收应答位
    _Nop();
    _Nop();
    SCL=1;
    _Nop();
    _Nop();
    _Nop();
    if(SDA==1)ack=0;
    else ack=1;                         //判断是否接收到应答信号
    ··SCL=0;
```

```
    ·  _Nop();
    _Nop();
}


/* ------------------------------------------------------------------
字节数据传送函数
函数原型: unsigned char   RcvByte();
功能: 用来接收从器件传来的数据,并判断总线错误(不发应答信号),
发完后请用应答函数
------------------------------------------------------------ * /
unsigned char   RcvByte()
{
    unsigned char retc;
    unsigned char BitCnt;

    retc=0;
    SDA=1;                            //置数据线为输入方式
    for(BitCnt=0;BitCnt<8;BitCnt++)
    {
        _Nop();
        SCL=0;                        //置时钟线为低,准备接收数据位
        _Nop();
        _Nop();                       //时钟低电平周期大于 4.7μs
        _Nop();
        _Nop();
        _Nop();
        SCL=1;                        //置时钟线为高使数据线上数据有效
        _Nop();
        _Nop();
        retc=retc<<1;
        if(SDA==1) retc=retc+1;       //读数据位,接收的数据位放入 retc 中
        _Nop();
        _Nop();
    }
    SCL=0;
    _Nop();
    _Nop();
    return(retc);
}


/* ------------------------------------------------------------------
应答子函数
原型:   void Ack_I2c(void);
------------------------------------------------------------ * /
void Ack_I2c(void)
{
```

```
    SDA=0;
    _Nop();
    _Nop();
    _Nop();
    SCL=1;
    _Nop();
    _Nop();                              //时钟低电平周期大于 4μs
    _Nop();
    _Nop();
    _Nop();
    SCL=0;                               //清时钟线,钳住 I2C 总线以便继续接收
    _Nop();
    _Nop();
}
/* ------------------------------------------------------------
非应答子函数
原型: void NoAck_I2c(void);
-------------------------------------------------------------- */
void NoAck_I2c(void)
{
    SDA=1;
    _Nop();
    _Nop();
    _Nop();
    SCL=1;
    _Nop();
    _Nop();                              //时钟低电平周期大于 4μs
    _Nop();
    _Nop();
    SCL=0;                               //清时钟线,钳住 I2C 总线以便继续接收
    _Nop();
    _Nop();
}


/* ------------------------------------------------------------
向无子地址器件发送字节数据函数
函数原型: bit   ISendByte(unsigned char sla,ucahr c);
功能:从启动总线到发送地址、数据,结束总线的全过程,从器件地址 sla,
如果返回 1 表示操作成功,否则操作有误
注意:使用前必须已结束总线
-------------------------------------------------------------- */
/* bit ISendByte(unsigned char sla,unsigned char c)
{
    Start_I2c();                         //启动总线
    SendByte(sla);                       //发送器件地址
```

```
        if(ack==0)return(0);
        SendByte(c);                        //发送数据
        if(ack==0)return(0);
        Stop_I2c();                         //结束总线
        return(1);
    }
    */
```

```
/* ------------------------------------------------------------
```
向有子地址器件发送多字节数据函数
函数原型: bit ISendStr(unsigned char sla, unsigned char suba, ucahr * s, unsigned char no);
功能: 从启动总线到发送地址、子地址、数据,结束总线的全过程,从器件地址 sla,
子地址 suba,发送内容是 s 指向的内容,发送 no 个字节。
如果返回 1 表示操作成功,否则操作有误
注意:使用前必须已结束总线
```
------------------------------------------------------------ */
bit ISendStr(unsigned char sla,unsigned char suba,unsigned char * s,unsigned char
no)
{
    unsigned char i;
    for(i=0;i<no;i++)
    {
        Start_I2c();                        //启动总线
        SendByte(sla);                      //发送器件地址
        if(ack==0)return(0);
        SendByte(suba);                     //发送器件子地址
        if(ack==0)return(0);
        SendByte(*s);                       //发送数据
        if(ack==0)return(0);
        Stop_I2c();                         //结束总线
        DelayMs(1);                         //必须延时等待芯片内部自动处理数据完毕
        s++;
        suba++;
    }
    return(1);
}
```

```
/* ------------------------------------------------------------
```
向无子地址器件读字节数据函数
函数原型: bit IRcvByte(unsigned char sla,ucahr * c);
功能:从启动总线到发送地址,读数据,结束总线的全过程,从器件地址 sla,返回值在 c
如果返回 1 表示操作成功,否则操作有误
注意:使用前必须已结束总线

```
--------------------------------------------------------- * /
/ * bit IRcvByte(unsigned char sla, unsigned char * c)
{
    Start_I2c();                        //启动总线
    SendByte(sla+1);                    //发送器件地址
    if(ack==0)return(0);
    * c=RcvByte();                      //读取数据
    NoAck_I2c();                        //发送非就答位
    Stop_I2c();                         //结束总线
    return(1);
}


* /
/ * ---------------------------------------------------------
向有子地址器件读取多字节数据函数
函数原型: bit    ISendStr(unsigned char sla, unsigned char suba, ucahr * s, unsigned
char no);
功能: 从启动总线到发送地址、子地址,读数据,结束总线的全过程,从器件
地址 sla,子地址 suba,读出的内容放入 s 指向的存储区,读 no 个字节
如果返回 1 表示操作成功,否则操作有误
注意:使用前必须已结束总线
--------------------------------------------------------- * /
bit IRcvStr(unsigned char sla, unsigned char suba, unsigned char * s,
            unsigned char no)
{
    unsigned char i;
    Start_I2c();                        //启动总线
    SendByte(sla);                      //发送器件地址
    if(ack==0)return(0);
    SendByte(suba);                     //发送器件子地址
    if(ack==0)return(0);

    Start_I2c();
    SendByte(sla+1);
    if(ack==0)return(0);

    for(i=0; i<no-1; i++)
    {
        * s=RcvByte();                  //发送数据
        Ack_I2c();                      //发送就答位
        s++;
    }
    * s=RcvByte();
    NoAck_I2c();                        //发送非应位
    Stop_I2c();                         //结束总线
```

```
        return(1);
    }
```

display.c 文件如下。

```
#include"display.h"
#include"delay.h"

//sbit DUAN=P2^6;                        //定义锁存使能端口段锁存
//sbit WEI=P2^7;                         //位锁存

unsigned char code dofly_DuanMa[10]={0x3f, 0x06, 0x5b, 0x4f, 0x66, 0x6d, 0x7d,
    0x07, 0x7f, 0x6f};                   //显示段码值 0~9
//分别对应相应的数码管点亮,即位码
unsigned char code dofly_WeiMa[]={0xfe,0xfd,0xfb,0xf7,0xef,0xdf,0xbf,0x7f};
unsigned char TempData[8];               //存储显示值的全局变量


/* -------------------------------------------------
显示函数,用于动态扫描数码管
输入参数 FirstBit 表示需要显示的第一位,如赋值 2 表示从第三个数码管开始显示,
如输入 0 表示从第一个显示
Num 表示需要显示的位数,如需要显示 99 两位数值则该值输入 2
------------------------------------------------- */
void Display(unsigned char FirstBit,unsigned char Num)
{
    static unsigned char i=0;

    P0=0;                                //清空数据,防止有交替重影
    DUAN=1;                              //段锁存
    DUAN=0;

    P0=dofly_WeiMa[i+FirstBit];          //取位码
    WEI=1;                               //位锁存
    WEI=0;

    P0=TempData[i];                      //取显示数据,段码
    DUAN=1;                              //段锁存
    DUAN=0;

    i++;
    if(i==Num)
        i=0;
}
/* -------------------------------------------------
定时器初始化子程序
```

```
---------------------------------------------------- */
void Init_Timer0(void)
{
    TMOD |=0x01;              //使用模式1,16位定时器,用"|"符号可使用多个定时器时不受影响
    //TH0=0x00;              //给定初值
    //TL0=0x00;
    EA=1;                    //总中断打开
    ET0=1;                   //定时器中断打开
    TR0=1;                   //定时器开关打开
}
/* --------------------------------------------------
定时器中断子程序
---------------------------------------------------- */
void Timer0_isr(void) interrupt 1
{
    TH0=(65536-2000)/256;        //重新赋值 2ms
    TL0=(65536-2000)%256;
    Display(0,8);
}
```

delay.c 文件如下。

```
#include "delay.h"
/* --------------------------------------------------
μS 延时函数,含有输入参数 unsigned char t,无返回值
unsigned char 是定义无符号字符变量,其值的范围是
0~255,这里使用晶振 12M,精确延时请使用汇编,大致延时
长度如下: T=tx2+5 μs
---------------------------------------------------- */
void DelayUs2x(unsigned char t)
{
    while(--t);
}
/* --------------------------------------------------
ms 延时函数,含有输入参数 unsigned char t,无返回值
unsigned char 是定义无符号字符变量,其值的范围是
0~255,这里使用晶振 12M,精确延时请使用汇编
---------------------------------------------------- */
void DelayMs(unsigned char t)
{
    while(t--)
    {
        //大致延时 1ms
        DelayUs2x(245);
        DelayUs2x(245);
    }
}
```

工程中头文件(*.h)省略,详见实训教材配套软件包。

(6)编译连接工程文件,生成 AT24C02 存储开机次数.hex,如图 5-35 所示。

图 5-35　编译连接工程文件,生成 AT24C02 存储开机次数.hex

(7)烧录 AT24C02 存储开机次数.hex 程序到开发板,如图 5-36 所示。

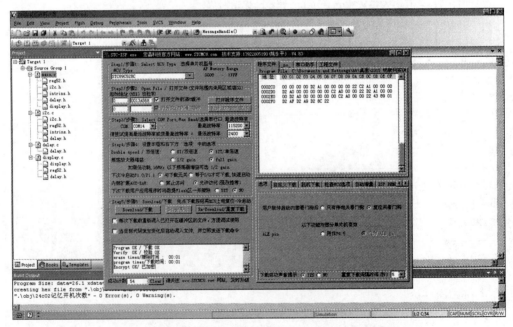

图 5-36　烧录 AT24C02 存储开机次数.hex 程序到开发板

(8)下载程序到单片机后,观察运行效果,如图 5-37 所示。

图 5-37   下载程序到单片机后,观察运行效果

第6章 物联网射频2.4G信息采集盒MegicBox设计与实现

本实训模块目的是利用无线射频2.4G技术实现远程信息采集盒MegicBox,用于实时检测观测点的温湿度参数、光照度参数,同时学会使用单总线结构的温湿度传感器和I2C接口的光照度传感器,体会简化硬件电路的设计思路,实现灵活性高、体积小、功耗低、操作简便的系统。

6.1 物联网射频2.4G信息采集盒MegicBox发送端设计

学习目标:物联网射频2.4G信息采集盒MegicBox发送端设计实训项目目标是设计信息采集盒MegicBox,用于实时检测观测点的温湿度参数、光照度参数,掌握物联网各类传感器实时信息采集的基本步骤,同时学会24L01+无线通信模块的正确使用。

项目重点:(1)物联网各类传感器实时信息采集;(2)正确理解无线射频2.4G信息发送工作原理;(3)24L01+无线通信模块信息传输的基本步骤。

项目难点:(1)无线射频2.4G信息发送工作原理的实质;(2)24L01+无线通信模块的硬件封装与接入模式。

6.1.1 物联网无线射频2.4G信息采集盒MegicBox发送端原理图识读

物联网射频2.4G信息采集盒MegicBox发送端原理,如图6-1所示。

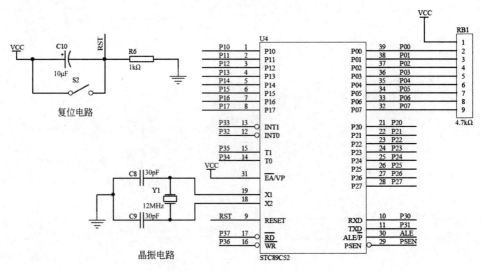

图6-1 物联网射频2.4G信息采集盒MegicBox发送端原理总图

物联网射频 2.4G 信息采集盒 MegicBox 发送端液晶接口图如图 6-2 所示。

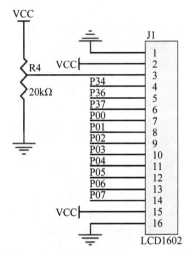

图 6-2　物联网射频 2.4G 信息采集盒 MegicBox 发送端液晶接口图

物联网射频 2.4G 信息采集盒 MegicBox 发送端 24L01 接口图如图 6-3 所示。

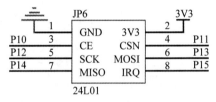

图 6-3　物联网射频 2.4G 信息采集盒 MegicBox 发送端 24L01 接口图

物联网射频 2.4G 信息采集盒 MegicBox 发送端光照传感器接口图如图 6-4 所示。

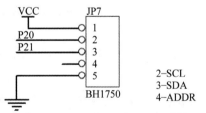

图 6-4　物联网射频 2.4G 信息采集盒 MegicBox 发送端光照传感器接口图

物联网射频 2.4G 信息采集盒 MegicBox 发送端温湿度传感器接口图如图 6-5 所示。

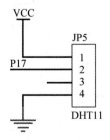

图 6-5　物联网射频 2.4G 信息采集盒 MegicBox 发送端温湿度传感器接口图

物联网射频 2.4G 信息采集盒 MegicBox 发送端供电电路原理图如图 6-6 所示。

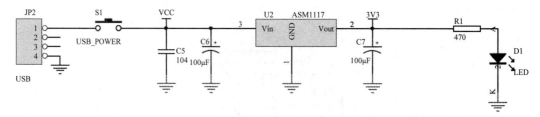

图 6-6　物联网射频 2.4G 信息采集盒 MegicBox 发送端供电电路原理图

物联网射频 2.4G 信息采集盒 MegicBox 发送端程序下载接口图如图 6-7 所示。

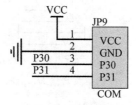

图 6-7　物联网射频 2.4G 信息采集盒 MegicBox 发送端程序下载接口图

物联网射频 2.4G 信息采集盒 MegicBox 发送端 LED 接口图如图 6-8 所示。

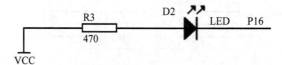

图 6-8　物联网射频 2.4G 信息采集盒 MegicBox 发送端 LED 接口图

6.1.2　物联网无线射频 2.4G 信息采集盒 MegicBox 发送端材料准备

物联网无线射频 2.4G 信息采集盒 MegicBox 发送端系统所需要的元器件及材料准备，如表 6-1 所示。

表 6-1　无线射频 2.4G 信息采集发送端实训元件明细表

序　号	规 格 名 称	数　量
1	STC89C52 单片机	1
2	DHT11 温湿度传感器	1
3	LCD1602	1
4	24L01＋无线通信模块	1
5	程序下载端口排针 1×4	1
6	电阻	3
7	电解电容	3
8	瓷片电容	3
9	轻触开关	1

190

序　号	规 格 名 称	数　量
10	轻触按键	1
11	LED	2
12	USB 插座	1
13	晶振	1
14	24L01 双头排母 2×4	1
15	BH1750 连接排针 1×5	1
16	LCD1602 单排母 1×16	1
17	ASM1117-3.3V 芯片	1
18	DIP-40 单片机底座	1
19	472 电阻排	1
20	203 电位器	1

无线射频 2.4G 信息采集发送端实训元器件实物套件,如图 6-9 所示。

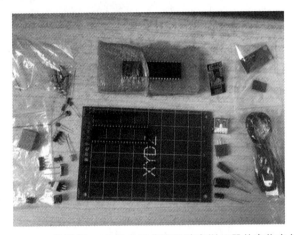

图 6-9　无线射频 2.4G 信息采集发送端实训元器件实物套件

6.1.3　物联网无线射频 2.4G 信息采集盒 MegicBox 发送端系统的制作步骤

(1) 将元器件从试验工具箱中取出,识别各个元器件。BH1750 光照传感器,如图 6-10 所示。

图 6-10　BH1750 光照传感器实物

本项目采用 ROHM 原装 BH1750FVI 芯片,如图 6-11 所示。

- 供电电源:3~5V。
- 光照度范围:0~65535 lx。
- 传感器内置 16 位 AD 转换器。
- 直接数字输出,省略复杂的计算,省略标定。
- 不区分环境光源。
- 接近于视觉灵敏度的分光特性。
- 可对广泛的亮度进行 1lx 的高精度测定。
- 标准 NXP IIC 通信协议。
- 模块内部包含通信电平转换,与 5V 单片机 I/O 直接连接。

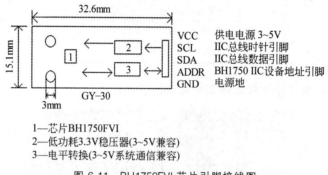

1—芯片BH1750FVI
2—低功耗3.3V稳压器(3~5V兼容)
3—电平转换(3~5V系统通信兼容)

图 6-11　BH1750FVI 芯片引脚接线图

（2）NRF24L01 模块。本项目采用的 NRF24L01 是一款工作在 2.4~2.5GHz 世界通用 ISM 频段的单片收发芯片。

24L01 模块无线收发器包括:频率发生器、增强型 SchockBurstTM 模式控制器、功率放大器、晶体放大器、调制器解调器。输出功率频道选择和协议可以通过 SPI 接口进行设置,从而降低电流消耗。全球开放 ISM 频段,最大 0dBm 发射功率,免许可证使用。支持六路通道的数据接收。

低工作电压:1.9~3.6V 低电压工作。

- 高速率:2Mbps,由于空中传输时间很短,可有效地降低无线传输中的碰撞现象(软件设置 1Mbps 或者 2Mbps 的空中传输速率)。
- 多频点:125 频点,满足多点通信和跳频通信需要。
- 超小型:内置 2.4GHz 天线,体积小巧,15mm×29mm(包括天线)
- 低功耗:当工作在应答模式通信时,快速空中传输及启动时间,可降低电流消耗。
- 低应用成本:NRF24L01 集成了所有与 RF 协议相关的高速信号处理部分,比如自动重发丢失数据包和自动产生应答信号等,NRF24L01 的 SPI 接口可以利用单片机的硬件 SPI 口连接或用单片机 I/O 口进行模拟,内部有 FIFO,可以与各种高低速微处理器接口,便于使用低成本单片机。
- 便于开发:由于链路层完全集成在模块上,非常便于开发。自动重发功能,可自动检测和重发丢失的数据包,重发时间及重发次数可软件控制,自动存储未收到应答信号的数据包。自动应答功能,在收到有效数据后,模块自动发送应答信号,无须另行编程载波检测。固定频率检测内置硬件 CRC 检错和点对多点通信。地址控制数据包传输错误计数器及载波检测功能可用于跳频设置,可同时设置六路接收通道地址,可有选择性地打开接收通道。标准插 2.54mm 间距接口,便于嵌入式应用。

(3) 将 USB 线正确连接到计算机 USB 接口,正确插入 24L01 模块、LCD1602、温湿度传感器、光照传感器,如图 6-12~图 6-15 所示。

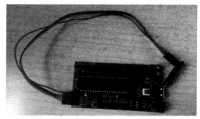

图 6-12　连接好光照传感器 BH1750

图 6-13　接好温湿度感器 DHT11

图 6-14　连接好 24L01 模块

图 6-15　插好 LCD1602

（4）打开 Keil 创建新工程，目录结构如图 6-16 所示。

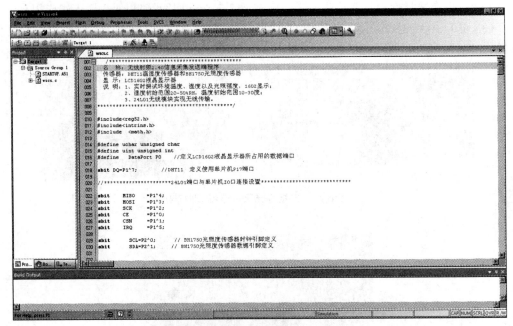

图 6-16 Keil 创建新工程

（5）各源文件（＊.c）清单如下。

wscs.c 的源代码如下。

```
#include<reg52.h>
#include<intrins.h>
#include  <math.h>
#define uchar unsigned char
#define uint unsigned int
#define   DataPort P0              //定义 LCD1602 所占用的数据端口
sbit DQ=P1^7;                      //DHT11  定义使用单片机 P1~P7 端口
//************24L01端口与单片机 I/O 口连接设置********************
sbit    MISO  =P1^4;
sbit    MOSI  =P1^3;
sbit    SCK   =P1^2;
sbit    CE    =P1^0;
sbit    CSN   =P1^1;
sbit    IRQ   =P1^5;

sbit    SCL=P2^0;                   //BH1750 光照度传感器时钟引脚定义
sbit    SDA=P2^1;                   //BH1750 光照度传感器数据引脚定义

sbit lcden=P3^7;                   //LCD1602 使能端口
sbit lcdrs=P3^4;                   //LCD1602 数据/命令选择端口
sbit lcdrw=P3^6;                   //LCD1602 读/写选择端口
```

```
uchar wendu;                                //温度变量类型
uchar shidu;                                //湿度变量类型
float guangqiang;                           //光照度变量类型


/************BH1750 初始化定义,详情设置见手册************/
//定义器件在 IIC 总线中的从地址,根据 ALT  ADDRESS 地址引脚不同修改
//ALT  ADDRESS 引脚接地时地址为 0xA6,接电源时地址为 0x3A
#define  SlaveAddress  0x46
typedef   unsigned char BYTE;
typedef   unsigned short WORD;


BYTE    BUF[8];                             //接收数据缓存区
uchar   ge=0,shi=0,bai=0,qian=0,wan=0;  //按照个、十、百、千、万显示变量
int     dis_data;
//************NRF24L01************************
#define TX_ADR_WIDTH      5                 //设置 TX 地址宽度为 5
#define RX_ADR_WIDTH      5                 //设置 RX 地址宽度为 5
#define TX_PLOAD_WIDTH   20                 //设置 TX 可加载容量为 20
#define RX_PLOAD_WIDTH   20                 //设置 RX 可加载容量为 20


uchar const TX_ADDRESS[TX_ADR_WIDTH]={0x35,0x43,0x10,0x10,0x03};   //本地地址
uchar const RX_ADDRESS[RX_ADR_WIDTH]={0x35,0x43,0x10,0x10,0x03};   //接收地址


//***************NRF24L01 寄存器指令*****************


#define READ_REG         0x00       //读寄存器指令
#define WRITE_REG        0x20       //写寄存器指令
#define RD_RX_PLOAD      0x61       //读取接收数据指令
#define WR_TX_PLOAD      0xA0       //写待发送数据指令
#define FLUSH_TX         0xE1       //冲洗发送 FIFO 指令
#define FLUSH_RX         0xE2       //冲洗接收 FIFO 指令
#define REUSE_TX_PL      0xE3       //定义重复装载数据指令
#define NOP              0xFF       //保留


//***********SPI(nRF24L01) 寄存器地址
#define CONFIG           0x00       //配置收发状态,CRC 校验模式以及收发状态响应方式
#define EN_AA            0x01       //自动应答功能设置
#define EN_RXADDR        0x02       //可用信道设置
#define SETUP_AW         0x03       //收发地址宽度设置
#define SETUP_RETR       0x04       //自动重发功能设置
#define RF_CH            0x05       //工作频率设置
#define RF_SETUP         0x06       //发射速率、功耗功能设置
#define STATUS           0x07       //状态寄存器
#define OBSERVE_TX       0x08       //发送监测功能
#define CD               0x09       //地址检测
```

```
#define RX_ADDR_P0       0x0A       //频道 0 接收数据地址
#define RX_ADDR_P1       0x0B       //频道 1 接收数据地址
#define RX_ADDR_P2       0x0C       //频道 2 接收数据地址
#define RX_ADDR_P3       0x0D       //频道 3 接收数据地址
#define RX_ADDR_P4       0x0E       //频道 4 接收数据地址
#define RX_ADDR_P5       0x0F       //频道 5 接收数据地址
#define TX_ADDR          0x10       //发送地址寄存器
#define RX_PW_P0         0x11       //接收频道 0 接收数据长度
#define RX_PW_P1         0x12       //接收频道 1 接收数据长度
#define RX_PW_P2         0x13       //接收频道 2 接收数据长度
#define RX_PW_P3         0x14       //接收频道 3 接收数据长度
#define RX_PW_P4         0x15       //接收频道 4 接收数据长度
#define RX_PW_P5         0x16       //接收频道 5 接收数据长度
#define FIFO_STATUS      0x17       //FIFO 栈入栈出状态寄存器设置

//**********************24L01 程序部分************************

void Delay(uint s);
void inerDelay_us(uchar n);
void init_NRF24L01(void);
uchar SPI_RW(uchar byte);
uchar SPI_Read(uchar reg);
uchar SPI_RW_Reg(uchar reg, uchar value);
uchar SPI_Read_Buf(uchar reg, uchar * pBuf, uchar uchars);
uchar SPI_Write_Buf(uchar reg, uchar * pBuf, uchar uchars);
uchar nRF24L01_RxPacket(uchar * rx_buf);
void nRF24L01_TxPacket(uchar * tx_buf);

/*******************延时函数,延时 1ms*********************/

void delay(uint z)
{
    uint x,y;
    for(x=112;x>0;x--)
        for(y=z;y>0;y--);
}

/*********************LCD1602 操作设置***************************/

void write_cmd(char cmd)                    //写指令函数
{
    lcdrs=0;
    P0=cmd;
    delay(1);
    lcden=1;
```

```
    delay(1);
    lcden=0;
}
void write_data(uchar dat)                  //写数据函数
{
    lcdrs=1;
    P0=dat;
    delay(1);
    lcden=1;
    delay(1);
    lcden=0;
}


void write_str(uchar * str)                 //写字符串函数
{
    while( * str!='\0')
    {
        write_data( * str++);
        delay(1);
    }
}


void init_1602()                            //LCD1602 的初始化设置
{
    lcdrw=0;
    lcden=0;
    write_cmd(0x38);                        //显示模式设置
    write_cmd(0x0c);                        //显示开关,光标关闭
    write_cmd(0x06);                        //显示光标移动设置
    write_cmd(0x01);                        //清除屏幕
    write_cmd(0x80);                        //数据指针移到第一行第一个位置
}


/**********************DTH11 驱动程序设置部分*********************/

bit init_DHT11()                            //忙检测
{
    bit flag;
    uchar num;
    DQ=0;
    delay(19);                              //>18ms
    DQ=1;
    for(num=0;num<10;num++);                //20~40 μs,34.7 μs
    for(num=0;num<12;num++);
    flag=DQ;
```

```
    for(num=0;num<11;num++);              //DTH 响应 80 μs
    for(num=0;num<24;num++);              //DTH 拉高 80 μs
    return flag;
}


uchar DHT11_RD_CHAR()
{
    uchar byte=0;
    uchar num;
    uchar num1;
    while(DQ==1);
    for(num1=0;num1<8;num1++)
    {
        while(DQ==0);
        byte<<=1;                          //高位在前
        for(num=0;DQ==1;num++);
        if(num<10)
            byte|=0x00;
        else
            byte|=0x01;
    }
    return byte;
}


void   DHT11_DUSHU()                       //读温湿度数据
{
    uchar num;
    if(init_DHT11()==0)
    {
        shidu=DHT11_RD_CHAR()-2;           //比正常值高 2°左右
        DHT11_RD_CHAR();
        wendu=DHT11_RD_CHAR();
        DHT11_RD_CHAR();
        DHT11_RD_CHAR();
        for(num=0;num<17;num++);           //BIT 输出后拉低总线 59μs
        DQ=1;
    }
}


/***************毫秒延时********************/

void delay_nms(unsigned int k)
{
    unsigned int i,j;
    for(i=0;i<k;i++)
```

```
        {
            for(j=0;j<121;j++)
            {;}
        }
}


/****************************************
延时 5μs(STC89C52RC@12M)
不同的工作环境,需要调整此函数,注意时钟过快时需要修改
当改用 1T 的 MCU 时,请调整此延时函数
****************************************/

void Delay5us()
{
    _nop_();_nop_();_nop_();_nop_();
    _nop_();_nop_();_nop_();_nop_();
    _nop_();_nop_();_nop_();_nop_();
    _nop_();_nop_();_nop_();_nop_();
}


/*****延时 5μs(STC89C52RC@12M),不同的工作环境,需要调整此函数,当改用 1T 的 MCU 时,请调
    整此延时函数*********************************/
void Delay5ms()
{
    WORD n=560;
    while (n--);
}
/********BH1750 驱动程序设置部分***********/

void BH1750_Start()
{
    SDA =1;                         //拉高数据线
    SCL =1;                         //拉高时钟线
    Delay5us();                     //延时
    SDA =0;                         //产生下降沿
    Delay5us();                     //延时
    SCL =0;                         //拉低时钟线
}


/*************BH1750 停止信号*******************/

void BH1750_Stop()
{
    SDA =0;                         //拉低数据线
    SCL =1;                         //拉高时钟线
```

```
        Delay5us();                          //延时
        SDA =1;                              //产生上升沿
        Delay5us();                          //延时
    }


/**********发送应答信号,入口参数:ack (0:ACK 1:NAK)****************/

void BH1750_SendACK(bit ack)
{
    SDA =ack;                                //写应答信号
    SCL =1;                                  //拉高时钟线
    Delay5us();                              //延时
    SCL =0;                                  //拉低时钟线
    Delay5us();                              //延时
}


/******************接收应答信号*****************************/

bit BH1750_RecvACK()
{
    SCL =1;                                  //拉高时钟线
    Delay5us();                              //延时
    CY =SDA;                                 //读应答信号
    SCL =0;                                  //拉低时钟线
    Delay5us();                              //延时

    return CY;
}

/*******************向 IIC 总线发送一个字节数据*****************/

void BH1750_SendByte(BYTE dat)
{
    BYTE i;
    for (i=0; i<8; i++)                      //8 位计数器
    {
        dat <<=1;                            //移出数据的最高位
        SDA =CY;                             //送数据口
        SCL =1;                              //拉高时钟线
        Delay5us();                          //延时
        SCL =0;                              //拉低时钟线
        Delay5us();                          //延时
    }
    BH1750_RecvACK();
}
```

```
/*******从 IIC 总线接收一个字节数据******************/

BYTE BH1750_RecvByte()
{
    BYTE i;
    BYTE dat = 0;

    SDA = 1;                             //使能内部上拉,准备读取数据
    for (i=0; i<8; i++)                  //8 位计数器
    {
        dat <<= 1;
        SCL = 1;                         //拉高时钟线
        Delay5us();                      //延时
        dat |= SDA;                      //读数据
        SCL = 0;                         //拉低时钟线
        Delay5us();                      //延时
    }
    return dat;
}


//**********************************

void Single_Write_BH1750(uchar REG_Address)
{
    BH1750_Start();                      //起始信号
    BH1750_SendByte(SlaveAddress);       //发送设备地址+写信号
    BH1750_SendByte(REG_Address);        //内部寄存器地址
    BH1750_Stop();                       //发送停止信号
}

//连续读出 BH1750 内部数据

void Multiple_Read_BH1750(void)
{
    uchar i;
    BH1750_Start();                      //起始信号
    BH1750_SendByte(SlaveAddress+1);     //发送设备地址+读信号
    for (i=0; i<3; i++)                  //连续读取 6 个地址数据,存储在 BUF 中
    {
        BUF[i] = BH1750_RecvByte();      //BUF[0]存储 0x32 地址中的数据
        if (i == 3)
        {
            BH1750_SendACK(1);           //最后一个数据需要回 NOACK
        }
        else
```

```
    {
            BH1750_SendACK(0);              //回应 ACK
        }
    }
    BH1750_Stop();                          //停止信号
    Delay5ms();
}


//初始化 BH1750,根据需要进行修改


void Init_BH1750()
{
    Single_Write_BH1750(0x01);
}
void conversion(uint temp_data)             //数据转换出个、十、百、千、万
{
    wan=temp_data/10000;                    //如果需要显示万以上数字,不用屏蔽此行程序
    temp_data=temp_data%10000;              //取余运算
    qian=temp_data/1000;
    temp_data=temp_data%1000;               //取余运算
    bai=temp_data/100;
    temp_data=temp_data%100;                //取余运算
    shi=temp_data/10;
    temp_data=temp_data%10;                 //取余运算
    ge=temp_data;
}


void LightIntensity()                       //计算光强数据
{
    Single_Write_BH1750(0x01);              //加电
    Single_Write_BH1750(0x10);              //工作模式设置
    delay_nms(180);                         //延时 180ms
    Multiple_Read_BH1750();                 //连续读出数据,存储在 BUF 中
    dis_data=BUF[0];
    dis_data=(dis_data<<8)+BUF[1];          //合成数据
    guangqiang=(float)dis_data/1.2;
    conversion(guangqiang);                 //计算数据
}


void wenshi_disp_1()                        //显示子函数
{
    DHT11_DUSHU();                          //读出温湿度
    write_cmd(0x80);
    write_str(" Light=");
    write_data(wan+48);                     //如果需要显示万以上数字,不用屏蔽此行程序
```

```
//+48 的作用是实现十进制和 ASCII 码之间的转换,目的是使 LCD1602 正常显示十进制数
    write_data(qian+48);
    write_data(bai+48);
    write_data(shi+48);
    write_data(ge+48);
    write_str(" lx");

    LightIntensity();                    //计算光强数据
    write_cmd(0x80+0x40);                //在第二行显示
    write_str("TEM=");
    write_data(wendu/10%10+48);
    write_data(wendu%10+48);
    write_data(0xdf);
    write_data('C');
    write_cmd(0x89+0x40);
    write_str("HUM=");
    write_data(shidu/10%10+48);
    write_data(shidu%10+48);
    write_str("%");
}


//****************************************************************************

uchar    bdata sta;                      //状态标志
sbit   RX_DR    =sta^6;
sbit   TX_DS    =sta^5;
sbit   MAX_RT   =sta^4;


/****************************************************************************
/* 延时函数
/****************************************************************************/

void inerDelay_us(uchar n)
{
    for(;n>0;n--)
        _nop_();
}


//**********************************************************************
/* NRF24L01 初始化
//**********************************************************************/

void init_NRF24L01(void)
{
    inerDelay_us(100);
```

```
    CE=0;                                    //芯片使能信号有效
    CSN=1;                                   //总线 SPI 访问禁止
    SCK=0;
    SPI_Write_Buf(WRITE_REG +TX_ADDR, TX_ADDRESS, TX_ADR_WIDTH);
    //写发射端地址
    SPI_Write_Buf(WRITE_REG +RX_ADDR_P1,RX_ADDRESS, RX_ADR_WIDTH);
    //写接收端地址
    SPI_Write_Buf(WRITE_REG +RX_ADDR_P0,RX_ADDRESS, RX_ADR_WIDTH);
    SPI_RW_Reg(WRITE_REG +EN_AA, 0x03);
        //频道 1 自动 ACK 应答允许
        //允许接收地址只有频道 1,如果需要多频道可以另行设置
    SPI_RW_Reg(WRITE_REG +EN_RXADDR, 0x03);
    SPI_RW_Reg(WRITE_REG +RF_CH, 0);
    //设置信道工作为 2.4GHz,收发必须一致
    //设置接收数据长度,本次设置为 32 字节
    SPI_RW_Reg(WRITE_REG +RX_PW_P1, RX_PLOAD_WIDTH);
    //设置发射速率为 1MHz,发射功率为最大值 0dB
    SPI_RW_Reg(WRITE_REG +RF_SETUP, 0x07);
}


//*****************************************************************************
//*****************************************************************************
/* 函数:uint SPI_RW(uint uchar)
/* 功能:NRF24L01 的 SPI 写时序
/*****************************************************************************/

uchar SPI_RW(uchar byte)
{
    uchar bit_ctr;
    for(bit_ctr=0;bit_ctr<8;bit_ctr++)    //输出 8 位
    {
        MOSI = (byte & 0x80);                //字符 MOSI 格式输出
        byte = (byte <<1);                   //将下一位转换为 MSB 格式
        SCK =1;                              //将串行时钟信号 SCK 置高电平
        byte |=MISO;                         //获取当前 MISO 位的值
        SCK =0;                              //重置 SCK 为低电平
    }
    return(byte);                           //返回读到的字符
}


/*****************************************************************************
/* 函数:uchar SPI_Read(uchar reg)
/* 功能:NRF24L01 的 SPI 时序
/*****************************************************************************/
```

```
uchar SPI_Read(uchar reg)
{
    uchar reg_val;
    CSN =0;                          //将 CSN 置 0,初始化串行外围设置接口通信
    SPI_RW(reg);                     //进入寄存器读取模式
    reg_val =SPI_RW(0);              //读寄存器的取值
    CSN =1;                          //将 CSN 置 1,终止串行外围设置接口通信
    return(reg_val);                 //返回寄存器值
}
```

```
/******************************************************************************/
/* 功能:NRF24L01 读写寄存器函数
/******************************************************************************/
```

```
uchar SPI_RW_Reg(uchar reg, uchar value)
{
    uchar status;
    CSN =0;
    status =SPI_RW(reg);
    SPI_RW(value);
    CSN =1;
    return(status);
}
```

```
/******************************************************************************/
/* 函数:uint SPI_Write_Buf(uchar reg, uchar * pBuf, uchar uchars)
/* 功能: 用于写数据,reg 为寄存器地址,pBuf 为待写入数据地址,uchars 为写入数据的个数
/******************************************************************************/
```

```
uchar SPI_Write_Buf(uchar reg, uchar * pBuf, uchar uchars)
{
    uchar status,uchar_ctr;

    CSN =0;                          //SPI 使能
    status =SPI_RW(reg);
    for(uchar_ctr=0; uchar_ctr<uchars; uchar_ctr++)
        SPI_RW(* pBuf++);
    CSN =1;                          //关闭 SPI
    return(status);
}
```

```
/******************************************************************************/
/* 函数:void nRF24L01_TxPacket(unsigned char * tx_buf)
/* 功能:发送 tx_buf 中数据
/******************************************************************************/
```

```
void nRF24L01_TxPacket(uchar * tx_buf)
{
    CE=0;                                      //StandBy I 模式
    SPI_Write_Buf(WRITE_REG +TX_ADDR, TX_ADDRESS, TX_ADR_WIDTH);
    SPI_Write_Buf(WRITE_REG +RX_ADDR_P0, TX_ADDRESS, TX_ADR_WIDTH);
    //发射端地址
    SPI_Write_Buf(WR_TX_PLOAD, tx_buf, TX_PLOAD_WIDTH);    //装载数据
    SPI_RW_Reg(WRITE_REG +CONFIG, 0x1e);
    //IRQ 收发完成中断响应,16 位 CRC,主发送
    CE=1;                                      //置高 CE,激发数据发送
    inerDelay_us(20);
}
/****************************主函数**************************/
main()
{
    uchar TxBuf[20]={0};
    delay_nms(200);                            //延时 200ms
    init_1602();
    init_NRF24L01();
    Init_BH1750();                             //初始化 BH1750
    while(1)
    {
        TxBuf[0]=wendu/256;                    //将高八位装入
        TxBuf[1]=wendu%256;                    //装入低八位
        TxBuf[2]=shidu/256;                    //将高八位装入
        TxBuf[3]=shidu%256;                    //装入低八位
        TxBuf[4]=wan;
        TxBuf[5]=qian;
        TxBuf[6]=bai;
        TxBuf[7]=shi;
        TxBuf[8]=ge;
        nRF24L01_TxPacket(TxBuf);              //发送数据
        TxBuf[1] =0x00;                        //缓存器 1 内容清零
        TxBuf[2] =0x00;                        //缓存器 2 内容清零
        TxBuf[3] =0x00;                        //缓存器 3 内容清零
        TxBuf[4] =0x00;                        //缓存器 4 内容清零
        TxBuf[5] =0x00;                        //缓存器 5 内容清零
        TxBuf[6] =0x00;                        //缓存器 6 内容清零
        TxBuf[7] =0x00;                        //缓存器 7 内容清零
        TxBuf[8] =0x00;                        //缓存器 8 内容清零
        sta=SPI_Read(STATUS);
        SPI_RW_Reg(WRITE_REG+STATUS,sta);
        wenshi_disp_1();
    }
}
```

其他文件的源代码,见配套实训软件包。

(6)编译连接工程文件,生成 wscs.hex,如图 6-17 所示。

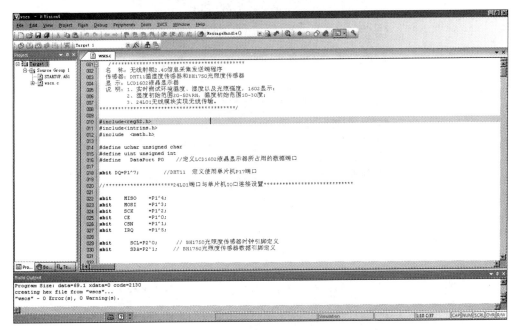

图 6-17 编译连接工程文件,生成 wscs.hex 程序

(7)烧录 wscs.hex 程序到开发板,如图 6-18 所示。

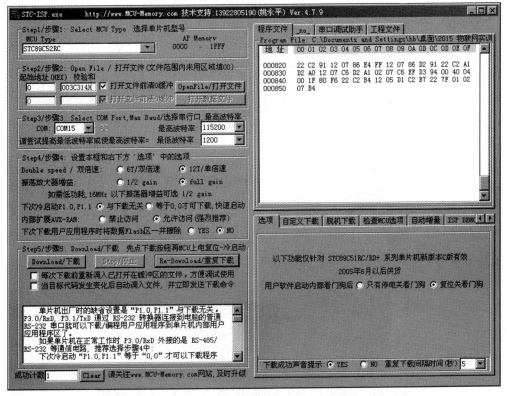

图 6-18 烧录 wscs.hex 程序到开发板

（8）下载程序到单片机后，观察运行效果，如图 6-19 所示。

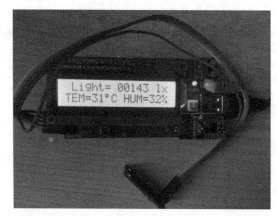

图 6-19　下载程序到单片机后,观察运行效果

（9）无线射频 2.4G 信息采集盒 MegicBox 产品简易包装的制作，如图 6-20～图 6-24
所示。

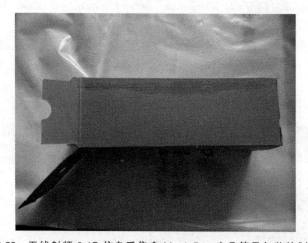

图 6-20　无线射频 2.4G 信息采集盒 MegicBox 产品简易包装的制作一

图 6-21　无线射频 2.4G 信息采集盒 MegicBox 产品简易包装的制作二

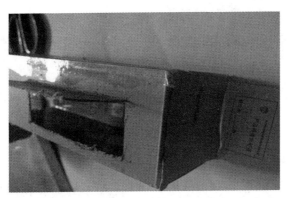

图 6-21　无线射频 2.4G 信息采集盒 MegicBox 产品简易包装的制作三

图 6-23　无线射频 2.4G 信息采集盒 MegicBox 产品简易包装的制作四

图 6-24　无线射频 2.4G 信息采集盒 MegicBox 产品简易包装的制作五

6.2 物联网射频 2.4G 信息采集盒 MegicBox 接收端设计

学习目标：本实训项目目的是设计信息采集盒 MegicBox 接收端,用于接收实时检测观测点的温湿度参数、光照度参数,同时学会 24L01＋无线通信模块的正确使用。

项目重点：(1)正确理解无线射频 2.4G 信息接收端工作原理；(2)24L01＋无线通信模块信息接收的基本步骤。

项目难点：(1)无线射频 2.4G 信息接收工作原理的实质；(2)24L01＋无线通信模块的硬件封装与接入模式。

6.2.1 物联网无线射频 2.4G 信息采集盒 MegicBox 接收端原理图识读

物联网无线射频 2.4G 信息采集盒 MegicBox 接收端原理,如图 6-25 所示。

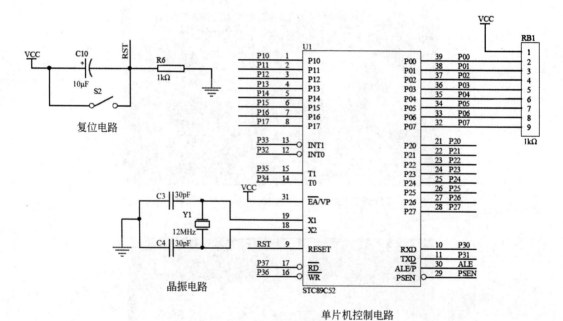

图 6-25 物联网射频 2.4G 信息采集盒 MegicBox 接收端原理总图

物联网射频 2.4G 信息采集盒 MegicBox 接收端液晶接口图如图 6-26 所示。

物联网射频 2.4G 信息采集盒 MegicBox 接收端 24L01 接口图如图 6-27 所示。

物联网射频 2.4G 信息采集盒 MegicBox 接收端供电电路原理图如图 6-28 所示。

物联网射频 2.4G 信息采集盒 MegicBox 发送端程序下载接口图如图 6-29 所示。

物联网射频 2.4G 信息采集盒 MegicBox 接收端 LED 接口图如图 6-30 所示。

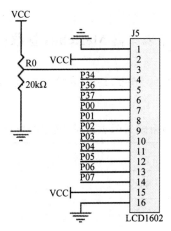

图 6-26　物联网射频 2.4G 信息采集盒 MegicBox 接收端液晶接口图

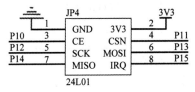

图 6-27　物联网射频 2.4G 信息采集盒 MegicBox 接收端 24L01 接口图

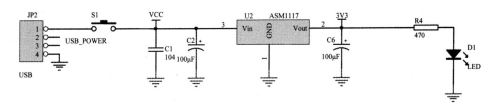

图 6-28　物联网射频 2.4G 信息采集盒 MegicBox 接收端供电电路原理图

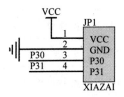

图 6-29　物联网射频 2.4G 信息采集盒 MegicBox 发送端程序下载接口图

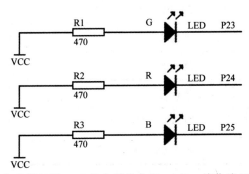

图 6-30　物联网射频 2.4G 信息采集盒 MegicBox 接收端 LED 接口图

6.2.2 物联网射频 2.4G 信息采集盒 MegicBox 接收端材料准备

物联网射频 2.4G 信息采集盒 MegicBox 接收端系统所需要的元器件及材料准备,如表 6-2 所示。

表 6-2 无线射频 2.4G 信息采集接收端实训元件明细表

序　号	规　格　名　称	数　量
1	STC89C52 单片机	1
2	LCD1602	1
3	24L01＋无线通信模块	1
4	程序下载端口排针 1×4	1
5	电阻	6
6	电解电容	3
7	瓷片电容	3
8	轻触开关	1
9	轻触按键	1
10	LED	4
11	USB 插座	1
12	晶振	1
13	24L01 双头排母 2×4	1
14	LCD1602 单排母 1×16	1
15	ASM1117-3.3V 芯片	1
16	DIP-40 单片机底座	1
17	472 电阻排	1
18	203 电位器	1
19	大按键	3
20	蜂鸣器	1
21	三极管	1
22	继电器端口排针 1×4	1
23	PL2303 程序下载器	1

无线射频 2.4G 信息采集接收端实训元器件实物，如图 6-31 所示。

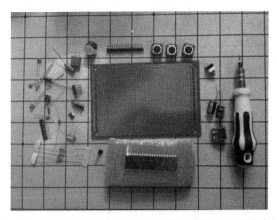

图 6-31　无线射频 2.4G 信息采集接收端实训元器件实物

6.2.3　物联网无线射频 2.4G 信息采集盒 MegicBox 接收端系统的制作步骤

（1）将元器件从试验工具箱中取出，识别各个元器件，并按照原理图（或试验箱所附 PCB 图纸）及图 6-32 和图 6-33 所示布局进行焊接。

图 6-32　物联网无线射频 2.4G 信息采集盒 MegicBox 接收端焊接一

图 6-33　物联网无线射频 2.4G 信息采集盒 MegicBox 接收端焊接二

（2）将 CPU、LCD1602、NRF24L01 模块分别插入正确位置，如图 6-34 所示。

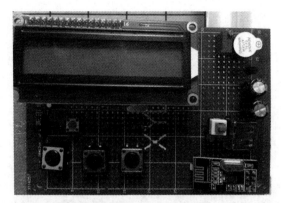

图 6-34　射频 2.4G 信息采集盒 CPU、LCD1602、NRF24L01 模块焊接

（3）打开 Keil 建立新工程，目录结构，如图 6-35 所示。

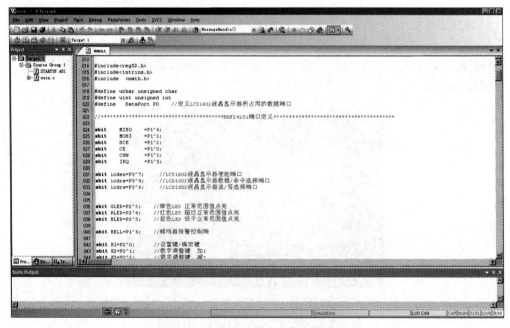

图 6-35　射频 2.4G 信息采集盒相关工程

（4）各源文件（ * .c）清单如下。

wscs.c 的源代码如下。

```c
#include<reg52.h>
#include<intrins.h>
#include  <math.h>

#define uchar unsigned char
#define uint unsigned int
#define   DataPort P0                    //定义 LCD1602 所占用的数据端口
```

```
//**********NRF24L01端口定义***************************************

sbit   MISO   =P1^4;
sbit   MOSI   =P1^3;
sbit   SCK    =P1^2;
sbit   CE     =P1^0;
sbit   CSN    =P1^1;
sbit   IRQ    =P1^5;

sbit lcden=P3^7;                              //LCD1602使能端口
sbit lcdrs=P3^4;                              //LCD1602数据/命令选择端口
sbit lcdrw=P3^6;                              //LCD1602读/写选择端口

sbit GLED=P2^3;                               //绿色LED正常范围值点亮
sbit RLED=P2^4;                               //红色LED超过正常范围值点亮
sbit BLED=P2^5;                               //蓝色LED低于正常范围值点亮

sbit BELL=P1^6;                               //蜂鸣器报警控制端
sbit K1=P2^0;                                 //设置键/确定键
sbit K2=P2^1;                                 //数字调整键加1
sbit K3=P2^2;                                 //箭字调整键减1

uchar wendu;                                  //温度变量类型
uchar shidu;                                  //湿度变量类型

float guangqiang;                             //光照度变量类型

uchar tem_h=30, tem_l=10,hum_h=50,hum_l=20;   //设置温湿度上下限变量初始值

uchar keyflag_1=0;                            //按键标志位

/************BH1750初始化定义,详情设置见手册************************/

//定义器件在IIC总线中的从地址,根据ALT  ADDRESS地址引脚不同修改
#define    SlaveAddress   0x46
//ALT  ADDRESS引脚接地时地址为0xA6,接电源时地址为0x3A
typedef   unsigned char BYTE;
typedef   unsigned short WORD;

BYTE    BUF[8];                               //接收数据缓存区
uchar   ge=0,shi=0,bai=0,qian=0,wan=0;        //按照个、十、百、千、万显示变量

int     dis_data;

//****************NRF24L01***************************************
```

```
#define TX_ADR_WIDTH      5
#define RX_ADR_WIDTH      5
#define TX_PLOAD_WIDTH    20
#define RX_PLOAD_WIDTH    20

uchar const TX_ADDRESS[TX_ADR_WIDTH]={0x35,0x43,0x10,0x10,0x03};    //本地地址
uchar const RX_ADDRESS[RX_ADR_WIDTH]={0x35,0x43,0x10,0x10,0x03};    //接收地址


//****NRF24L01 寄存器指令**********

#define READ_REG       0x00        //读寄存器指令
#define WRITE_REG      0x20        //写寄存器指令
#define RD_RX_PLOAD    0x61        //读取接收数据指令
#define WR_TX_PLOAD    0xA0        //写待发送数据指令
#define FLUSH_TX       0xE1        //冲洗发送 FIFO 指令
#define FLUSH_RX       0xE2        //冲洗接收 FIFO 指令
#define REUSE_TX_PL    0xE3        //定义重复装载数据指令
#define NOP            0xFF        //保留


//*********SPI(nRF24L01) 寄存器地址********************

#define CONFIG         0x00        //配置收发状态,CRC 校验模式以及收发状态响应方式
#define EN_AA          0x01        //自动应答功能设置
#define EN_RXADDR      0x02        //可用信道设置
#define SETUP_AW       0x03        //收发地址宽度设置
#define SETUP_RETR     0x04        //自动重发功能设置
#define RF_CH          0x05        //工作频率设置
#define RF_SETUP       0x06        //发射速率、功耗功能设置
#define STATUS         0x07        //状态寄存器
#define OBSERVE_TX     0x08        //发送监测功能
#define CD             0x09        //地址检测
#define RX_ADDR_P0     0x0A        //频道 0 接收数据地址
#define RX_ADDR_P1     0x0B        //频道 1 接收数据地址
#define RX_ADDR_P2     0x0C        //频道 2 接收数据地址
#define RX_ADDR_P3     0x0D        //频道 3 接收数据地址
#define RX_ADDR_P4     0x0E        //频道 4 接收数据地址
#define RX_ADDR_P5     0x0F        //频道 5 接收数据地址
#define TX_ADDR        0x10        //发送地址寄存器
#define RX_PW_P0       0x11        //接收频道 0 接收数据长度
#define RX_PW_P1       0x12        //接收频道 1 接收数据长度
#define RX_PW_P2       0x13        //接收频道 2 接收数据长度
#define RX_PW_P3       0x14        //接收频道 3 接收数据长度
#define RX_PW_P4       0x15        //接收频道 4 接收数据长度
#define RX_PW_P5       0x16        //接收频道 5 接收数据长度
#define FIFO_STATUS    0x17        //FIFO 栈入栈出状态寄存器设置
```

```
//************24L01无线模块相关子函数内容************
void Delay(uint s);
void inerDelay_us(uchar n);
void init_NRF24L01(void);
uchar SPI_RW(uchar byte);
uchar SPI_Read(uchar reg);
uchar SPI_RW_Reg(uchar reg, uchar value);
uchar SPI_Read_Buf(uchar reg, uchar * pBuf, uchar uchars);
uchar SPI_Write_Buf(uchar reg, uchar * pBuf, uchar uchars);
uchar nRF24L01_RxPacket(uchar * rx_buf);
void nRF24L01_TxPacket(uchar * tx_buf);


/*******************延时函数,延时 1ms********************/

void delay(uint z)
{
    uint x,y;
    for(x=112;x>0;x--)
    for(y=z;y>0;y--);
}


/*********************LCD1602 操作设置*********************/

void write_cmd(char cmd)                    //写指令函数
{
    lcdrs=0;
    P0=cmd;
    delay(1);
    lcden=1;
    delay(1);
    lcden=0;
}


void write_data(uchar dat)                  //写数据函数
{
    lcdrs=1;
    P0=dat;
    delay(1);
    lcden=1;
    delay(1);
    lcden=0;
}


void write_str(uchar * str)                 //写字符串函数
{
    while(* str!='\0')
```

```
    {
        write_data(*str++);
        delay(1);
    }
}


void init_1602()                                //LCD1602 的初始化设置
{
    lcdrw=0;
    lcden=0;
    write_cmd(0x38);                            //显示模式设置
    write_cmd(0x0c);                            //显示开关,光标关闭
    write_cmd(0x06);                            //显示光标移动设置
    write_cmd(0x01);                            //清除屏幕
    write_cmd(0x80);                            //数据指针移到第一行第一个位置
}


/***************毫秒延时********************/

void delay_nms(unsigned int k)
{
    unsigned int i,j;
    for(i=0;i<k;i++)
    {
        for(j=0;j<121;j++)
        {;}}
}

void wenshi_disp_1()                            //显示子函数显示测量数据内容
{
    write_cmd(0x80);
    write_str(" Light=");
    write_data(wan+48);                         //如果需要显示万以上数字,不用屏蔽此行程序
    //+48的作用是实现十进制和 ASCII 码间的转换,目的是使 LCD1602 正常显示十进制数
    write_data(qian+48);
    write_data(bai+48);
    write_data(shi+48);
    write_data(ge+48);
    write_str(" lx");
    write_cmd(0x80+0x40);                       //在第二行显示
    write_str("TEM=");
    write_data(wendu/10%10+48);
    write_data(wendu%10+48);
    write_data(0xdf);
    write_data('C');
    write_cmd(0x89+0x40);
```

```
    write_str("HUM=");
    write_data(shidu/10%10+48);
    write_data(shidu%10+48);
    write_str("%");
}

void wenshi_disp_2()                          //显示子函数显示数据上下限调整内容
{
    write_cmd(0x80);
    write_str("TEM H=");
    write_data(tem_h/10+48);
    write_data(tem_h%10+48);
    write_str(" L=");
    write_data(tem_l/10+48);
    write_data(tem_l%10+48);
    write_str("   ");                         //空格不能省略,用于清除上次界面残留

    write_cmd(0x80+0x40);                      //在第二行显示
    write_str("HUM H=");
    write_data(hum_h/10+48);
    write_data(hum_h%10+48);
    write_str(" L=");
    write_data(hum_l/10+48);
    write_data(hum_l%10+48);
    write_str("   ");                         //空格不能省略,用于清除上次界面残留
}

//*******************************************

uchar   bdata sta;                            //状态标志
sbit  RX_DR  =sta^6;
sbit  TX_DS  =sta^5;
sbit  MAX_RT =sta^4;

/*******************************************
/* 延时函数
/***********************************************/

void inerDelay_us(uchar n)
{
    for(;n>0;n--)
        _nop_();
}

//***************************************************
/* NRF24L01 初始化
```

219

```
//*********************************************/

void init_NRF24L01(void)
{
    inerDelay_us(100);
    CE=0;                                     //chip enable
    CSN=1;                                    //Spi  disable
    SCK=0;
    SPI_Write_Buf(WRITE_REG +TX_ADDR, TX_ADDRESS, TX_ADR_WIDTH);
    //写发射端地址
    SPI_Write_Buf(WRITE_REG +RX_ADDR_P1,RX_ADDRESS, RX_ADR_WIDTH);
    //写接收端地址
    SPI_Write_Buf(WRITE_REG +RX_ADDR_P0,RX_ADDRESS, RX_ADR_WIDTH);
    SPI_RW_Reg(WRITE_REG +EN_AA, 0x03);           //频道1自动ACK应答允许
    //允许接收地址只有频道1,如果需要多频道可以参考Page21
    SPI_RW_Reg(WRITE_REG +EN_RXADDR, 0x03);
    SPI_RW_Reg(WRITE_REG +RF_CH, 0);
    //设置信道工作为2.4GHz,收发必须一致
    //设置接收数据长度,本次设置为32字节
    SPI_RW_Reg(WRITE_REG +RX_PW_P1, RX_PLOAD_WIDTH);
    SPI_RW_Reg(WRITE_REG +RF_SETUP, 0x07);
    //设置发射速率为1MHz,发射功率为最大值0dB
}


//***********
/*********************
/*函数:uint SPI_RW(uint uchar)
/*功能:NRF24L01的SPI写时序
/*********************/

uchar SPI_RW(uchar byte)
{
    uchar bit_ctr;
    for(bit_ctr=0;bit_ctr<8;bit_ctr++)
    {
        MOSI = (byte & 0x80);
        byte = (byte <<1);
        SCK =1;
        byte |=MISO;
        SCK =0;
    }
    return(byte);
}
/*********************
/*函数:uchar SPI_Read(uchar reg)
/*功能:NRF24L01的SPI时序
```

```
/********************/
uchar SPI_Read(uchar reg)
{
    uchar reg_val;

    CSN = 0;
    SPI_RW(reg);
    reg_val = SPI_RW(0);
    CSN = 1;
    return(reg_val);
}
/**************/
/* 功能:NRF24L01 读写寄存器函数
/******************/

uchar SPI_RW_Reg(uchar reg, uchar value)
{
    uchar status;
    CSN = 0;
    status = SPI_RW(reg);
    SPI_RW(value);
    CSN = 1;
    return(status);
}
/*********************************************************************/
/* 函数:uint SPI_Read_Buf(uchar reg, uchar * pBuf, uchar uchars)
/* 功能：用于读数据,reg 为寄存器地址,pBuf 为待读出数据地址,uchars 为读出数据的个数
/*******************/
uchar SPI_Read_Buf(uchar reg, uchar * pBuf, uchar uchars)
{
    uchar status,uchar_ctr;
    CSN = 0;
    status = SPI_RW(reg);
    for(uchar_ctr=0;uchar_ctr<uchars;uchar_ctr++)
        pBuf[uchar_ctr] = SPI_RW(0);
    CSN = 1;
    return(status);
}


/***********************/
/* 函数:uint SPI_Write_Buf(uchar reg, uchar * pBuf, uchar uchars)
/* 功能：用于写数据,reg 为寄存器地址,pBuf 为待写入数据地址,uchars 为写入数据的个数
/***************************/

uchar SPI_Write_Buf(uchar reg, uchar * pBuf, uchar uchars)
{
```

```
    uchar status,uchar_ctr;
    CSN = 0;                                    //SPI 使能
    status = SPI_RW(reg);
    for(uchar_ctr=0; uchar_ctr<uchars; uchar_ctr++)
        SPI_RW(*pBuf++);
    CSN = 1;                                    //关闭 SPI
    return(status);
}


/*****************************************************************
/* 函数:unsigned char nRF24L01_RxPacket(unsigned char * rx_buf)
/* 功能:数据读取后放入 rx_buf 接收缓冲区中
/*****************************************************************/

uchar nRF24L01_RxPacket(uchar * rx_buf)
{
    uchar revale=0;
    SPI_Write_Buf(WRITE_REG +RX_ADDR_P0,RX_ADDRESS, RX_ADR_WIDTH);
    CE=0;
    SPI_RW_Reg(WRITE_REG +CONFIG, 0x1f);
    //IRQ 收发完成中断响应,16 位 CRC,主接收
    CE =1;
    inerDelay_us(130);
    sta=SPI_Read(STATUS);                       //读取状态寄存器来判断数据接收状况
    if(RX_DR)                                   //判断是否接收到数据
    {
        CE =0;                                  //SPI 使能
        //read receive payload from RX_FIFO buffer
        SPI_Read_Buf(RD_RX_PLOAD,rx_buf,RX_PLOAD_WIDTH);
        revale =1;                              //读取数据完成标志
        wendu=rx_buf[0] * 256+ rx_buf[1];
        shidu=rx_buf[2] * 56+rx_buf[3];
        wan=rx_buf[4];
        qian=rx_buf[5];
        bai=rx_buf[6];
        shi=rx_buf[7];
        ge=rx_buf[8];
    }
    //接收到数据后 RX_DR,TX_DS,MAX_PT 都置高为 1,通过写 1 来清除中断标志
    SPI_RW_Reg(WRITE_REG+STATUS, sta);
    return revale;
}


/******************按键扫描********************/

void keyscan()
{
    if(keyflag_1==0){wenshi_disp_1();}
```

```
if(K1==0)
{
    delay(5);                                //按键消除抖动判断
    if(K1==0)
    {
        keyflag_1++;                         //键一按下,标志位加 1
        while(!K1);
    }
}
if(keyflag_1==1){wenshi_disp_2();}           //界面切换
if(keyflag_1==2){write_cmd(0x87);write_cmd(0x0d);}   //温度上限末位打开光标
if(keyflag_1==3){write_cmd(0x8c);write_cmd(0x0d);}   //温度下限末位打开光标
if(keyflag_1==4){write_cmd(0xc7);write_cmd(0x0d);}   //湿度上限末位打开光标
if(keyflag_1==5){write_cmd(0xcc);write_cmd(0x0d);}   //湿度下限末位打开光标
if(keyflag_1==6){keyflag_1=0;write_cmd(0x0c);wenshi_disp_1();}
//返回测试界面
if(keyflag_1!=0)
{
    if(K2==0)                                //限值加键
    {
        delay(5);
        if(K2==0)
        {
            while(!K2);
            if(keyflag_1==2)
            {
                tem_h++;
                if(tem_h==100)tem_h=0;
                write_cmd(0x86);
                write_data(tem_h/10+48);
                write_data(tem_h%10+48);
            }
            if(keyflag_1==3)
            {
                tem_l++;
                if(tem_l==100)tem_l=0;
                write_cmd(0x8b);
                write_data(tem_l/10+48);
                write_data(tem_l%10+48);
            }
            if(keyflag_1==4)
            {
                hum_h++;
                if(hum_h==100)hum_h=0;
                write_cmd(0xc6);
                write_data(hum_h/10+48);
                write_data(hum_h%10+48);
            }
```

```
            if(keyflag_1==5)
            {
                hum_l++;
                if(hum_l==100)hum_l=0;
                write_cmd(0xcb);
                write_data(hum_l/10+48);
                write_data(hum_l%10+48);
            }
        }
    }
    if(K3==0)                                      //限值减键
    {
        delay(5);
        if(K3==0)
        {
            while(!K3);
            if(keyflag_1==2)
            {
                tem_h--;
                if(tem_h==0)tem_h=99;
                write_cmd(0x86);
                write_data(tem_h/10+48);
                write_data(tem_h%10+48);
            }
            if(keyflag_1==3)
            {
                tem_l--;
                if(tem_l==0)tem_l=99;
                write_cmd(0x8b);
                write_data(tem_l/10+48);
                write_data(tem_l%10+48);
            }
            if(keyflag_1==4)
            {
                hum_h--;
                if(hum_h==0)hum_h=99;
                write_cmd(0xc6);
                write_data(hum_h/10+48);
                write_data(hum_h%10+48);
            }
            if(keyflag_1==5)
            {
                hum_l--;
                if(hum_l==0)hum_l=99;
                write_cmd(0xcb);
                write_data(hum_l/10+48);
                write_data(hum_l%10+48);
            }
```

```
            }
        }
    }
}


/***************************主函数***************************/
main()
{
    uchar RxBuf[20]={0};
    init_1602();                              //LCD1602初始化函数
    init_NRF24L01();                          //NRF24L01无线模块初始化函数
    delay_nms(200);                           //延时200ms
    while(1)
    {
        keyscan();                            //如果停留在忙检测时,K1键需要长按
        if(keyflag_1==0)
        {
            nRF24L01_RxPacket(RxBuf);
            sta=SPI_Read(STATUS);             //读取状态寄存器来判断数据接收状况
            //接收到数据后RX_DR,TX_DS,MAX_PT都置高为1,通过写1来清除中断标志
            SPI_RW_Reg(WRITE_REG+STATUS,sta);
            delay(100);                       //减少延时,使K1键更加灵敏
        }
        baojing();                            //报警子函数
    }
}
```

（5）编译连接工程文件，生成 wscs.hex，如图 6-36 所示。

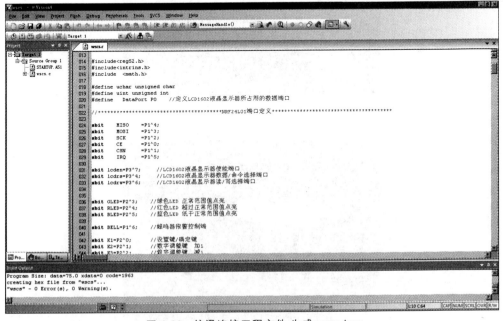

图 6-36　编译连接工程文件,生成 wscs.hex

（6）烧录 wscs.hex 程序到开发板，如图 6-37 所示。

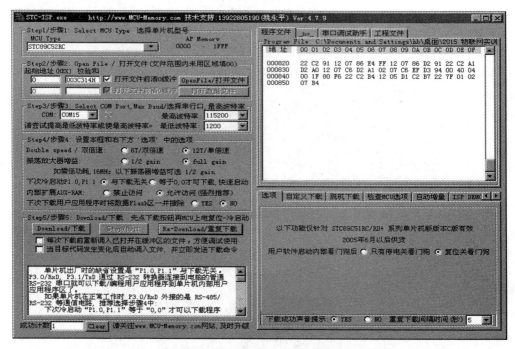

图 6-37　烧录 wscs.hex 程序到开发板

（7）USB 线正确连接到计算机 USB 接口，下载程序到单片机后，观察运行效果，如图 6-38 和图 6-39 所示。

图 6-38　下载程序到单片机后，观察运行效果一

图 6-39　下载程序到单片机后，观察运行效果二

（8）无线射频 2.4G 信息接收盒 MegicBox 产品简易包装，如图 6-40 所示。

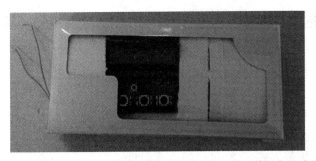

图 6-40　无线射频 2.4G 信息接收盒 MegicBox 产品简易包装盒子

（9）实训项目的 MegicBox 实时信息采集发送端、接收端联合演示效果，如图 6-41 所示。

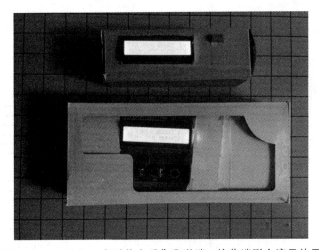

图 6-41　MegicBox 实时信息采集发送端、接收端联合演示效果

（10）将 MegicBox 实时信息采集发送端放到距离接收端 30m 以外的阳台上，采集的实时传感器信息，如图 6-42 所示。

图 6-42　MegicBox 实时信息采集发送端放到距离接收端 30m 以外的实时传感器信息

看看我们 MegicBox 实时信息采集接收端的情况吧，丝毫不差，这时的我们一定近距离感受到了物联网的魅力！

6.3 物联网射频 2.4G 远程报警与紧急处理技术实训

学习目标：实时测试环境温度、湿度以及光照强度，LCD1602 显示，本实训项目目的是学习无线射频 2.4G 远程报警与紧急处理流程。

项目重点：(1)相对湿度初始范围 20～50％RH；(2)温度初始范围 10～30℃；(3)K1、K2、K3 设置上下温湿度限；K1 为设置键，K2 为加键，K3 为减键。

项目难点：(1)报警方式；(2)超过温度或湿度上限时 LED 亮；(3)低于温度或湿度下限时蜂鸣器响；(4)正常温湿度范围值时 LED 灭，蜂鸣器关。

6.3.1 物联网射频 2.4G 远程报警与紧急处理系统原理图识读

物联网射频 2.4G 远程报警与紧急处理系统原理，如图 6-43～图 6-46 所示。

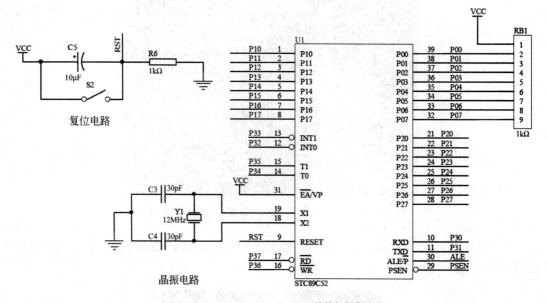

图 6-43 物联网射频 2.4G 远程报警与紧急处理系统原理图

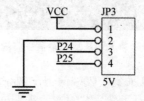

图 6-44 物联网射频 2.4G 远程报警与紧急处理系统继电器接口原理图

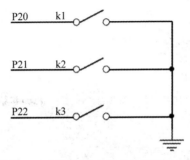

图 6-45　物联网射频 2.4G 远程报警与紧急处理系统按键控制电路原理图

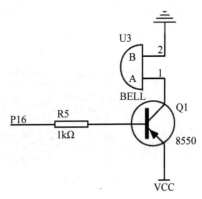

图 6-46　物联网射频 2.4G 远程报警与紧急处理系统蜂鸣器报警原理图

6.3.2　物联网射频 2.4G 远程报警与紧急处理系统材料准备

物联网射频 2.4G 远程报警与紧急处理系统所需要的元器件及材料准备,如表 6-3 所示。

表 6-3　物联网射频 2.4G 远程报警与紧急处理技术实训元件明细表

规 格 名 称	数　　量
MegicBox 发送端	1
MegicBox 接收端	1
二路有源继电器	1
紧急自动门电磁锁芯或通风扇	1

物联网射频 2.4G 远程报警与紧急处理技术实训,元器件实物如图 6-47～图 6-49 所示。

图 6-47　5V 的电磁锁芯

图 6-48　二路有源继电器

图 6-49　5V 电池盒及电池

关于 SRD-05VDC-SL-C 1 路低电平 5V 继电器模块，如图 6-50 所示。

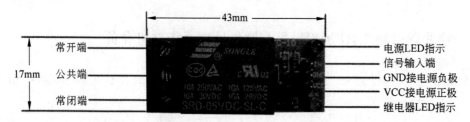

常开端　电源LED指示
公共端　信号输入端
　　　　GND接电源负极
常闭端　VCC接电源正极
　　　　继电器LED指示

43mm
17mm

所有1路低电平触发继电器模块（5V、9V、12V、24V）接线方式均和上图相同

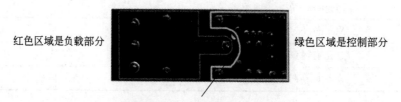

红色区域是负载部分　　　　　　　绿色区域是控制部分

增加隔离谱，使控制部分与负载部分之间的
爬行距离与安全距离符合国际标准

图 6-50　SRD-05VDC-SL-C 1 路低电平 5V 继电器模块

SRD-05VDC-SL-C 1 路低电平 5V 继电器模块介绍如下：

* 本模块符合国际安全标准，控制区域与负载区域有隔离槽。
* 采用双面 FR-4 线路板设计，高端贴片工艺生产。
* 采用松乐正品继电器控制。

- 具有电源和继电器动作指示,吸合亮,断开不亮。
- 信号输入端有低电平信号时,公共端与常开端会导通。
- 继电器可以直接控制各种设备和负载。
- 有 1 个常开和 1 个常闭触点。
- 蓝色 KF301 端子接控制线更方便。
- 模块尺寸:43mm×17mm×18.5mm;净重:15g。

模块输入接口部分:
- VCC:接电源正极(按继电器电压供电)。
- GND:接电源负极。
- IN:继电器模组信号触发端(低电平触发有效)。

模块输出接口部分:
- 常开端(NO):继电器常开端,继电器没有吸合时,与公共端断开,吸合时与公共端接通。
- 公共端(COM):继电器的公共端。
- 常闭端(NC):继电器的常闭端,继电器没有吸合时,与公共端接通,吸合时与公共端断开。

高电平与低电平含义:
- 高电平触发指的是信号触发端(IN)与电源负极之间有一个正向电压,通常是用电源的正极与触发端连接的一种触发方式,当触发端有正极电压或达到触发的电压时,继电器则吸合。
- 低电平触发指的是信号触发端与电源负极之间的电压为 0V 时,或者说触发端的电压比电源正极的电压更低,低到可以触发的电压时,使继电器吸合,通常是将电源的负极与触发端连接的一种触发方式,使继电器吸合。

6.3.3　物联网射频 2.4G 远程报警与紧急处理系统制作步骤

(1) 在实训模块项目的软件工程中加入如下函数,即可实现超温报警功能。

```
void baojing()                          //报警判断函数
{
    if(wendu>tem_h||shidu>hum_h)         //温湿度大于设定上限值
    {
        RLED=0;
        GLED=1;
        BLED=1;
        BELL=0;
    }                                    //红灯亮蜂鸣器响绿灯灭
    else
        if(wendu<tem_l||shidu<hum_l)     //温湿度低于下限值
        {
            BLED=0;
            GLED=1;
            RLED=1;
            BELL=0;
        }                                //蓝灯亮蜂鸣器响绿灯灭
```

```
        else
        {
            GLED=0;
            BELL=1;
            BLED=1;
            RLED=1;
        }                                    //正常值绿灯亮,红蓝灯关,蜂鸣器关
}


/***************************主函数**************************/
main()
{
    uchar RxBuf[20]={0};
    init_1602();                             //LCD1602 初始化函数
    init_NRF24L01() ;                        //24L01 无线模块初始化函数
    delay_nms(200);                          //延时 200ms
    while(1)
    {
        keyscan();                           //如果停留在忙检测时,K1 键需要长按
        if(keyflag_1==0)
        {
            nRF24L01_RxPacket(RxBuf);
            sta=SPI_Read(STATUS);            //读取状态寄存器来判断数据接收状况
            SPI_RW_Reg(WRITE_REG+STATUS,sta);
            //接收到数据后 RX_DR,TX_DS,MAX_PT 都置高为 1,通过写 1 来清除中断标志
            delay(100);                      //减少延时,使 K1 键更加灵敏
        }
        baojing();                           //报警子函数
    }
}
```

(2) 如图 6-51 所示,将磁力锁锁芯、5V 电源盒与 MegicBox 接收端正确连接;开启 MegicBox 发送端电源后,再开启 MegicBox 接收端的电源。

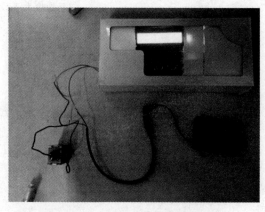

图 6-51　MegicBox 接收端接线情况

(3) 温度超限报警与通风处理程序工程及相关资料,详见实训配套包。

图书资源支持

感谢您一直以来对清华版图书的支持和爱护。为了配合本书的使用，本书提供配套的资源，有需求的读者请扫描下方的"书圈"微信公众号二维码，在图书专区下载，也可以拨打电话或发送电子邮件咨询。

如果您在使用本书的过程中遇到了什么问题，或者有相关图书出版计划，也请您发邮件告诉我们，以便我们更好地为您服务。

我们的联系方式：

地　　址：北京市海淀区双清路学研大厦 A 座 714

邮　　编：100084

电　　话：010-83470236　010-83470237

客服邮箱：2301891038@qq.com

QQ：2301891038（请写明您的单位和姓名）

资源下载：关注公众号"书圈"下载配套资源。

资源下载、样书申请

书圈

获取最新书目

观看课程直播